THÈSES

PRÉSENTÉES

A LA FACULTÉ DES SCIENCES DE PARIS

POUR OBTENIR

LE GRADE DE DOCTEUR ÈS SCIENCES

ACADÉMIE DE PARIS.

FACULTÉ DES SCIENCES DE PARIS.

DOYEN.	MILNE-EDWARDS, professeur.	Zoologie, Anatomie, Physiologie.
PROFESSEURS HONORAIRES.	LEFÉBURE DE FOURCY. . . .	
	DUMAS.	
	BALARD.	
PROFESSEURS.	DELAFOSSE.	Minéralogie.
	CHASLES.	Géométrie supérieure.
	LE VERRIER.	Astronomie.
	DUHAMEL.	Algèbre supérieure.
	LAMÉ.	Calcul des probabilités, Physique mathématique.
	DELAUNAY.	Mécanique physique.
	C. BERNARD.	Physiologie générale.
	P. DESAINS.	Physique.
	LIOUVILLE.	Mécanique rationnelle.
	HÉBERT.	Géologie.
	PUISEUX.	Astronomie.
	DUCHARTRE.	Botanique.
	JAMIN.	Physique.
	SERRET.	Calcul différentiel et intégral.
	PAUL GERVAIS.	Anatomie, Physiologie comparée, Zoologie.
	H. SAINTE-CLAIRE DEVILLE.	Chimie.
	PASTEUR.	Chimie.
AGRÉGÉS.	BERTRAND.	Sciences mathématiques.
	J. VIEILLE.	Sciences mathématiques.
	PÉLIGOT.	Sciences physiques.
SECRÉTAIRE.	PHILIPPON.	

N° D'ORDRE
293

THÈSES

PRÉSENTÉES

A LA FACULTÉ DES SCIENCES DE PARIS

POUR OBTENIR

LE GRADE DE DOCTEUR ÈS SCIENCES

PAR H. LEMONNIER,

Ancien élève de l'École normale,
Professeur de mathématiques spéciales au lycée Napoléon.

PREMIÈRE THÈSE

DES SURFACES DONT LES LIGNES DE COURBURE SONT PLANES OU SPHÉRIQUES.

DEUXIÈME THÈSE

POINTS D'INFLEXION ET POINTS STEINER DANS LES LIGNES DU TROISIÈME ORDRE.

Soutenues, le juin 1868, devant la Commission d'Examen.

MM. CHASLES, *Président.*
PUISEUX, SERRET, *Examinateurs.*

PARIS
IMPRIMÉ PAR E. THUNOT ET Ce,
Rue Racine, 26.

1868

PREMIÈRE THÈSE.

Des surfaces dont les lignes de courbure sont planes ou sphériques.

INTRODUCTION

Différents géomètres se sont occupés des surfaces dont les lignes de courbure sont planes ou sphériques. Monge, dans son *Application de l'analyse à la géométrie,* traite particulièrement des surfaces que décrivent des lignes situées dans les plans tangents au cylindre, au cône, à une surface développable, quand on fait rouler le plan sur la surface.

M. Ossian Bonnet, le premier, s'est placé à un autre point de vue. Dans un mémoire présenté à l'Académie des sciences le 18 janvier 1853, il s'est proposé de rechercher les surfaces dont toutes les lignes de courbures sont planes, en partant de leur équation aux différentielles partielles de second ordre. M. A. Serret, dès le 24 du même mois, présentait à l'Académie de nouvelles recherches sur le même sujet; mais il prenait pour point de départ un théorème de Joachimstal, qui lui donnait les intégrales du premier ordre du problème. Il a ensuite étendu son travail aux surfaces dont les lignes de courbure sont, les unes planes, les autres sphériques, et à celles où ces lignes sont toutes sphériques (Journal de M. Liouville, t. XVIII). M. Bonnet a également développé ses premières recherches (Journal de l'École polytechnique, t. XX).

Mon objet est ici de reprendre les mêmes questions. Je suis conduit aux mêmes divisions que M. Serret. J'ai tenu à conserver presque partout les mêmes notations. Mon travail est différent par la marche que j'ai suivie dans la discussion des équations fondamentales de chaque problème; à côté de l'analyse, je fais intervenir à l'occasion des considérations géométriques, quand elles donnent lieu à quelque simplification, ou qu'elles peuvent contribuer à la résolution de la question. Dans la recherche des équations des différentes surfaces, j'ai procédé par une méthode uniforme, en me proposant d'obtenir les équations des lignes de courbure elles-mêmes, d'abord sous une forme différentielle, puis en quantités finies, ou au moyen de simples quadratures.

Cette étude se partage en trois divisions principales. Dans la première, le problème est de trouver les surfaces dont les lignes de courbure sont toutes planes ; dans la seconde, de trouver celles dont les lignes de courbure sont les unes planes, les autres sphériques ; dans la troisième, il s'agit des surfaces dont les lignes de courbure sont toutes sphériques. Chacun de ces chapitres se subdivise suivant les circonstances en différentes sections.

CHAPITRE PREMIER

Surfaces dont les lignes de courbure sont toutes planes

PRÉLIMINAIRES

1. Quand on fait rouler sur une surface développable un plan tangent à cette surface, tout point du plan décrit une ligne orthogonale à ses positions successives ; toute droite du plan décrit une autre surface développable dont l'arête de rebroussement est le lieu des points de contact de la droite sur la surface fixe. Cette arête est une développée de la ligne décrite par chaque point de la droite

mobile, et elle est sur la surface fixe une ligne géodésique, parce qu'elle se transforme en une droite quand la surface se développe sur un plan.

2. Qu'on fasse rouler sur la surface polaire d'une ligne à double courbure un plan normal à cette ligne, si l'on considère dans une position particulière du plan une normale à la ligne, la droite, en se mouvant avec le plan, décrira une surface développable ayant son arête de rebroussement sur la surface polaire, et cette arête sera une développée de la ligne. Deux normales prises dans le même plan normal décriront deux surfaces développables se coupant tout le long de la ligne sous un angle constant. De là différents théorèmes connus.

Les tangentes à deux développées d'une ligne à double courbure aboutissant aux mêmes points de cette ligne s'y coupent sur un angle constant.

Si les génératrices d'une surface développable tournent d'un même angle autour d'une ligne qui en soit une trajectoire orthogonale, le lieu de leurs nouvelles positions est une autre surface développable, et le lieu des arêtes de rebroussement de ces surfaces, quand l'angle varie, est la surface polaire de la ligne fixe.

Quand deux surfaces se coupent sous un angle constant, si la ligne d'intersection est une ligne de courbure sur l'une des surfaces, elle l'est également sur l'autre.

Quand l'intersection de deux surfaces est une ligne de courbure sur chacune d'elles, ces surfaces se coupent sous un angle constant.

Comme sur le plan et la sphère toute ligne est une ligne de courbure, l'intersection d'une surface par un plan ou une sphère en est une ligne de courbure, si la surface est coupée sous un même angle tout le long de l'intersection.

Réciproquement, quand une ligne de courbure d'une surface est plane ou sphérique, la surface est coupée sous un angle constant tout le long de cette ligne par le plan ou la sphère qui la contient.

Il en résulte que la développable circonscrite à une surface le long d'une ligne de courbure plane est un hélicoïde développable.

3. Si l'on considère, comme correspondant à toute ligne située sur une surface, le lieu des extrémités des rayons d'une sphère parallèles aux normales menées à la surface le long de cette ligne, à toute section plane il correspondra un cercle, et réciproquement. Quand les lignes de courbure des deux systèmes sont planes, les lignes correspondantes forment donc deux séries de cercles

orthogonaux. On sait que de pareils cercles sont les sections de la sphère par les plans menés suivant deux droites H, H′ polaires conjuguées l'une de l'autre par rapport à la sphère. Les plans des lignes de courbure sont en conséquence parallèles à ces droites respectivement : théorème dû à M. Bonnet, que nous retrouverons plus loin par l'analyse.

Remarquons, comme corollaire, que les lignes de courbure d'une surface sont toutes planes, du moment que celles d'un système étant planes, les cercles qui y correspondent sur une sphère ont un même axe radical H. Car alors les lignes orthogonales à ces cercles, et par conséquent correspondantes aux lignes du second système, sont les sections de la sphère par les plans menés suivant la droite H′ polaire conjuguée de H. Les lignes du second système sont donc planes, puisque chacune a ses tangentes parallèles à un même plan.

4. Soient par rapport à des axes rectangulaires

$$ax + by + cz = u, \quad \alpha x + \beta y + \gamma z = \upsilon,$$

les équations générales des plans des lignes de courbure de l'une et de l'autre séries. Les coefficients a, b, c, u ou simplement leurs rapports pourront s'estimer comme des fonctions de l'un d'eux ou d'une même variable t; et de même, $\alpha, \beta, \gamma, \upsilon$ ou leurs rapports comme des fonctions de l'un d'eux ou d'une même variable τ. En faisant varier soit t, soit τ, on passera d'une ligne à une autre dans la même série.

Si l'équation du plan tangent à la surface en un point (x, y, z) se prend sous la forme,

$$Z - z = p(X - x) + q(Y - y),$$

on aura pour le cosinus de l'angle sous lequel la surface est coupée par le plan qui a pour équation $ax + by + cz = u$, l'expression

$$\frac{-ap - bq + c}{\sqrt{a^2 + b^2 + c^2} \cdot \sqrt{1 + p^2 + q^2}};$$

on peut donc poser

$$-ap - bq + c = l\sqrt{1 + p^2 + q^2},$$

et de même,

$$-\alpha p-\beta q+\gamma=\lambda\sqrt{1+p^2+q^2},$$

en désignant par l, et λ des fonctions de t et de τ.

5. Il y a entre les constantes $a, b, c, l, \alpha, \beta, \gamma, \lambda$ relatives à deux lignes de courbure de systèmes différents une relation fondamentale que M. Serret établit par le calcul. Nous la déduirons ici d'une considération géométrique.

Soient MT, MT′ les tangentes en un point M de la surface aux deux lignes de courbure qui s'y coupent. Les plans normaux aux deux lignes en ce point se coupent suivant la normale MN perpendiculairement l'un à l'autre ; ce sont les plans T MN, T′ MN. Or ils contiennent l'un l'axe MP du plan de la première ligne de courbure, l'autre l'axe MP′ du plan de la seconde, de sorte qu'ils ne sont autre chose que les plans NMP′, NMP. Si l'on considère l'angle trièdre ayant pour arêtes MP, MP′, MN, on aura donc

$$\cos(\mathrm{MP}, \mathrm{MP}')=\cos(\mathrm{MN}, \mathrm{MP}) \,.\, \cos(\mathrm{MN}, \mathrm{MP}'),$$

c'est-à-dire

$$\frac{a\alpha+b\beta+c\gamma}{\sqrt{a^2+b^2+c^2}\sqrt{\alpha^2+\beta^2+\gamma^2}}=\frac{-ap-bq+c}{\sqrt{a^2+b^2+c^2}\sqrt{1+p^2+q^2}}\cdot\frac{-\alpha p-\beta q+\gamma}{\sqrt{\alpha^2+\beta^2+\gamma^2}\sqrt{1+p^2+q^2}},$$

par suite

$$a\alpha+b\beta+c\gamma=l\lambda.$$

Cette relation est applicable tout le long d'une même ligne de courbure, en faisant varier les coefficients qui se rapportent aux lignes de l'autre série ; elle est susceptible par conséquent d'être différentiée par rapport aux variables t et τ, tel nombre de fois qu'on voudra. Les dérivées de a, b, c, l, u par rapport à t, celles de $\alpha, \beta, \gamma, \upsilon, \lambda$ par rapport à τ pourront sans ambiguïté se désigner simplement par $a', b', c', u', l', \alpha', \beta', \gamma', \upsilon', \lambda'$ pour le premier ordre, par a'', b'', c'', u'', l'' et $\alpha'', \beta'', \gamma'', \upsilon'', \lambda''$ pour le second ordre, et ainsi de suite.

6. A l'égard des surfaces dont les lignes de courbure sont toutes planes, nous avons ainsi les équations

$$(1)\quad \begin{aligned} ax+by+cz&=u\\ -ap-bq+c&=l\sqrt{1+p^2+q^2}\end{aligned}\qquad (2)\quad \begin{aligned}\alpha x+\beta y+\gamma z&=\upsilon\\ -\alpha p-\beta q+\gamma&=\lambda\sqrt{1+p^2+q^2}\end{aligned}$$

$$(3)\quad a\alpha+b\beta+c\gamma=l\lambda.$$

Réciproquement, les lignes de courbure d'une surface sont toutes planes quand ces équations sont satisfaites pour tous les points de la surface.

D'abord, les sections de la surface par les plans que détermine la première des équations (1), quand on fait varier t, sont des lignes de courbure, puisque ces plans coupent la surface chacun sous un même angle tout le long de la section. Pour semblable raison, les sections de la surface par les plans que détermine l'équation $\alpha x+\beta y+\gamma z=\upsilon$, quand on fait varier τ, sont aussi des lignes de courbure. Mais, d'après l'équation (3), les plans normaux à une section d'une série et à une section de l'autre, en un point qui leur soit commun, seront perpendiculaires entre eux; les deux sections se couperont donc à angle droit. Par conséquent les deux séries de sections sont les deux systèmes de lignes de courbure.

7. En différentiant l'équation (3) par rapport à τ, nous avons

$$a\alpha'+b\beta'+c\gamma'=l\lambda',$$

et par l'élimination de l, il s'ensuit

$$a(\alpha\lambda'-\alpha'\lambda)+b(\beta\lambda'-\beta'\lambda)+c(\gamma\lambda'-\gamma'\lambda)=0.$$

Différentions cette nouvelle équation deux fois par rapport à t; nous aurons

$$\begin{aligned} a(\alpha\lambda'-\alpha'\lambda)+b(\beta\lambda'-\beta'\lambda)+c(\gamma\lambda'-\gamma'\lambda)&=0,\\ a'(\alpha\lambda'-\alpha'\lambda)+b'(\beta\lambda'-\beta'\lambda)+c'(\gamma\lambda'-\gamma'\lambda)&=0,\\ a''(\alpha\lambda'-\alpha'\lambda)+b''(\beta\lambda'-\beta'\lambda)+c''(\gamma\lambda'-\gamma'\lambda)&=0.\end{aligned}$$

Il en résulte,

$$\begin{vmatrix} a, & b, & c\\ a', & b', & c'\\ a'', & b'', & c''\end{vmatrix}=0,$$

à moins qu'on n'ait à la fois

$$\alpha\lambda'-\alpha'\lambda=0,\quad \beta\lambda'-\beta'\lambda=0,\quad \gamma\lambda'-\gamma'\lambda=0.$$

Or, si $y, u_1, u_2, \ldots u_n$ sont des fonctions continues d'une même variable, que leurs dérivées soient également continues jusqu'au n^{ème} ordre, quand on a l'équation différentielle

$$\begin{vmatrix} y & u_1 & u_2 \ldots & u_n \\ y' & u'_1 & u'_2 \ldots & u'_n \\ \ldots & \ldots & \ldots & \ldots \\ \ldots & \ldots & \ldots & \ldots \\ y^{(n)} & u_1^{(n)} & u_2^{(n)} \ldots & u_n^{(n)} \end{vmatrix} = 0,$$

on voit que l'équation est satisfaite par $y = u_1$, par $y = u_2, \ldots$ par $y = u_n$.

En conséquence, si la solution la plus générale de l'équation est

$$y = c_1 u_1 + c_2 u_2 + \ldots c_n u_n,$$

quand on aura la relation

$$\begin{vmatrix} u_0 & u_1 & u_2 \ldots & u_n \\ u'_0 & u'_1 & u'_2 \ldots & u'_n \\ \ldots & \ldots & \ldots & \ldots \\ u_0^{(n)} & u_1^{(n)} & u_2^{(n)} \ldots & u_n^{(n)} \end{vmatrix} = 0$$

il y aura entre $u_0\, u_1\, u_2 \ldots u_n$ une relation linéaire, à savoir :

$$A_0 u_0 + A_1 u_1 + \ldots + A_n u_n = 0.$$

D'après quoi, nous avons ci-dessus

$$Aa + Bb + Cc = 0,$$

du moment qu'on n'a pas à la fois

$$\alpha\lambda' - \alpha'\lambda = 0, \quad \beta\lambda' - \beta'\lambda = 0, \quad \gamma\lambda' - \gamma'\lambda = 0.$$

On aura de même

$$A_1\alpha + B_1\beta + C_1\gamma = 0,$$

si l'on n'a pas à la fois

$$al' - a'l = 0, \quad bl' - b'l = 0, \quad cl' - c'l = 0.$$

8. Soient donc, réserve faite des circonstances particulières que nous venons d'écarter,

$$Aa + Bb + Cc = 0,$$

$$A_1\alpha + B_1\beta + C_1\gamma = 0.$$

Nous avons, d'une part

$$Aa + Bb + Cc = 0,$$

$$Aa' + Bb' + Cc' = 0,$$

de l'autre

$$(\alpha\lambda' - \alpha'\lambda)a + (\beta\lambda' - \beta'\lambda)b + (\gamma\lambda' - \gamma'\lambda)c = 0,$$

$$(\alpha\lambda' - \alpha'\lambda)a' + (\beta\lambda' - \beta'\lambda)b' + (\gamma\lambda' - \gamma'\lambda)c' = 0,$$

d'où

$$\frac{A}{bc' - cb'} = \frac{B}{ca' - ac'} = \frac{C}{ab' - ba'}$$

et

$$\frac{\alpha\lambda' - \alpha'\lambda}{bc' - cb'} = \frac{\beta\lambda' - \beta'\lambda}{ca' - ac'} = \frac{\gamma\lambda' - \gamma'\lambda}{ab' - ba'},$$

et de là

$$\frac{\alpha\lambda' - \alpha'\lambda}{A} = \frac{\beta\lambda' - \beta'\lambda}{B} = \frac{\gamma\lambda' - \gamma'\lambda}{C},$$

c'est-à-dire

$$\frac{d.\frac{\alpha}{\lambda}}{A} = \frac{d.\frac{\beta}{\lambda}}{B} = \frac{d.\frac{\gamma}{\lambda}}{C},$$

de sorte que

$$\frac{\frac{\alpha}{\lambda}}{A} = \frac{\frac{\beta}{\lambda}}{B} + K, \quad \frac{\frac{\beta}{\lambda}}{B} = \frac{\frac{\gamma}{\lambda}}{C} + K_1,$$

$$\frac{\frac{\alpha}{A} - \frac{\beta}{B}}{\frac{\beta}{B} - \frac{\gamma}{C}} = \frac{K}{K_1}, \quad \text{ou} \quad \frac{K_1}{A}\alpha - (K_1 + K)\frac{\beta}{B} + \frac{K}{C}\gamma = 0.$$

Ainsi on a à la fois

$$A_1\alpha + B_1\beta + C_1\gamma = 0 \quad \frac{K_1}{A}\alpha - (K_1 + K)\frac{\beta}{B} + \frac{K}{C}\gamma = 0,$$

par là même

$$A_1\alpha' + \beta_1\beta' + C_1\gamma' = 0$$

$$\frac{K_1}{A}\alpha' - (K_1 + K)\frac{\beta'}{B} + \frac{K}{C}\gamma' = 0,$$

puis

$$\frac{A_1}{\beta\gamma' - \gamma\beta'} = \frac{B_1}{\gamma\alpha' - \gamma'\alpha} = \frac{C_1}{\alpha\beta' - \beta\alpha'},$$

et

$$\frac{\frac{K_1}{A}}{\beta\gamma' - \gamma\beta'} = \frac{-(K_1 + K)\frac{1}{B}}{\gamma\alpha' - \alpha\gamma'} = \frac{\frac{K}{C}}{\alpha\beta' - \beta\alpha'},$$

ce qui donne

$$\frac{K_1}{AA_1} = \frac{-(K_1 + K)}{BB_1} = \frac{K}{CC_1}$$

et de là

$$AA_1 + BB_1 + CC_1 = 0,$$

de sorte que les deux droites qui ont pour équations

$$\frac{x}{A} = \frac{y}{B} = \frac{z}{C}, \quad \frac{x}{A_1} = \frac{y}{B_1} = \frac{z}{C_1},$$

lesquelles sont respectivement parallèles aux plans des deux séries de lignes de courbure sont perpendiculaires entre elles ; et cela, à moins d'avoir

$$\beta\gamma' - \gamma\beta' = 0, \quad \gamma\alpha' - \alpha\gamma' = 0, \quad \alpha\beta' - \beta\alpha' = 0,$$

ou

$$\frac{\alpha'}{\alpha} = \frac{\beta'}{\beta} = \frac{\gamma'}{\gamma},$$

ou

$$\alpha = m\gamma, \quad \beta = n\gamma,$$

ce qui fait les plans de la seconde série parallèles entre eux.

9. Considérons le cas où l'on a à la fois

$$\alpha\lambda' - \alpha'\lambda = 0, \quad \beta\lambda' - \beta'\lambda = 0, \quad \gamma\lambda' - \gamma'\lambda = 0.$$

D'abord, cela peut provenir de ce qu'on ait

$$\lambda = 0.$$

Alors l'équation (3) devenant

$$a\alpha + b\beta + c\gamma = 0,$$

si l'on prend à la fois

$$a\alpha + b\beta + c\gamma = 0, \quad a\alpha' + b\beta' + c\gamma' = 0, \quad a\alpha'' + b\beta'' + c\gamma'' = 0,$$

on en déduit

$$\begin{vmatrix} \alpha & \beta & \gamma \\ \alpha' & \beta' & \gamma' \\ \alpha'' & \beta'' & \gamma'' \end{vmatrix} = 0,$$

et de là

$$A_1\alpha + B_1\beta + C_1\gamma = 0;$$

on aura de même

$$a\alpha + b\beta + c\gamma = 0, \quad a'\alpha + b'\beta + c'\gamma = 0, \quad a''\alpha + b''\beta + c''\gamma = 0,$$

d'où

$$\begin{vmatrix} a & b & c \\ a' & b' & c' \\ a'' & b'' & c'' \end{vmatrix} = 0,$$

par suite

$$Aa + Bb + Cc = 0.$$

Il s'ensuit

$$\frac{a}{A_1} = \frac{b}{B_1} = \frac{c}{C_1},$$

si les rapports entre α, β, γ, sont susceptibles de varier, c'est-à-dire que les plans des lignes (1) seront parallèles entre eux; ceux des autres lignes leur seront d'ailleurs perpendiculaires.

Dans le cas où l'on a

$$\lambda \gtrless 0,$$

les relations

$$\alpha\lambda' - \alpha'\lambda = 0, \quad \beta\lambda' - \beta'\lambda = 0, \quad \gamma\lambda' - \gamma'\lambda = 0,$$

donnent

$$\lambda = m\alpha = m_1\beta = m_2\gamma,$$

de sorte que les plans des lignes du second système sont parallèles entre eux.

Au résumé, les seules circonstances à distinguer sont celle où les plans des lignes d'une série sont parallèles entre eux, et celle où, cela n'étant pas, les plans de chaque série sont respectivement parallèles à deux droites perpendiculaires entre elles.

DU CAS OU LES PLANS DES LIGNES D'UN SYSTÈME SONT PARALLÈLES ENTRE EUX.

10. Soient a, b, c des constantes. L'équation (3) donnant alors

$$l'\lambda = 0,$$

il faut avoir

$$\text{soit } \lambda = 0,$$
$$\text{soit } l' = 0 \quad \text{ou} \quad l = m,$$

m désignant une constante.

1. Si $\lambda = 0$, l'équation (3) étant

$$a\alpha + b\beta + c\gamma = 0$$

indique que les plans des lignes de la seconde série sont tous perpendiculaires à ceux de la première, puis l'équation

$$-\alpha p - \beta q + \gamma = 0$$

qu'ils sont chacun orthogonal à la surface.

En conséquence, les lignes du premier système sont des trajectoires orthogonales aux plans des lignes du second; elles sont donc décrites par les points d'une ligne de ce dernier système quand on en fait rouler le plan sur le cylindre qu'enveloppent les plans de ce second système. Et les positions diverses de la ligne mobile sont les lignes de la seconde série.

2. Lorsque l est égal à m, l'équation

$$-ap-bq+c=l\sqrt{1+p^2+q^2}$$

accuse, d'une part que la surface est développable, mais d'autre part que les plans des lignes du premier système coupent tous la surface sous un même angle, que par conséquent les tangentes aux lignes du second système sont toutes également inclinées sur les plans des lignes du premier; il s'ensuit que les lignes du second système sont des droites, et la surface un héliçoïde développable.

Appliquons l'analyse à l'étude de ces deux circonstances.

11. L'on a $\lambda=0$. Soit pris l'axe des z perpendiculaire aux plans des lignes du premier système. Nous aurons $a=0$, $b=0$, $\gamma=0$, et en posant $c=1$, $\beta=-1$,

$$(1)\quad \begin{cases} z=u, \\ 1=l\sqrt{1+p^2+q^2}, \end{cases} \qquad (2)\quad \begin{cases} \alpha x-y=\upsilon, \\ \alpha p-q=0. \end{cases}$$

Dans ces équations, u peut s'estimer une fonction arbitraire de l, et υ une fonction arbitraire de α.

Une relation étant établie entre u et l, l'élimination de ces variables entre elle et les équations (1) donnerait une équation entre z, p, q dont l'intégration amènerait une nouvelle fonction arbitraire. Les équations (2) moyennant une relation entre υ et α détermineraient de même la surface avec l'introduction d'une seconde fonction arbitraire. Les deux systèmes (1) et (2) doivent d'après cela être équivalents. Le fait ressort du reste de considérations géométriques connues. Car lorsque les lignes d'une série sont planes et ont leurs plans parallèles, celles de l'autre sont des lignes égales dans des plans normaux aux premiers et normaux à la surface; réciproquement, lorsque les lignes d'une série sont planes, dans des plans tangents à un cylindre, normaux à la surface, les autres sont dans des plans parallèles perpendiculaires au cylindre, et ne sont que des développantes de ses sections droites.

Au lieu de considérer à part les équations (1) ou (2), nous allons déterminer analytiquement les lignes des deux systèmes et la surface, en les faisant dépendre de deux relations qui soient données entre u et l, entre v et α.

12. Établissons d'abord par l'analyse que les lignes du second système sont toutes superposables. On a, à leur égard,

$$\alpha dx - dy = 0, \quad dz = pdx + qdy, \quad \alpha p - q = 0,$$

d'où

$$\frac{p}{dx} = \frac{q}{dy} = \frac{p^2+q^2}{dz} = \frac{\sqrt{(p^2+q^2)(p^2+q^2+1)}}{ds}.$$

Soit φ l'angle que fait au point (xyz) la ligne de courbure du second système avec le plan de la ligne du premier, on aura

$$\cos\varphi = l = \frac{1}{\sqrt{1+p^2+q^2}}, \qquad \sin\varphi = \sqrt{\frac{p^2+q^2}{1+p^2+q^2}};$$

par suite

$$\frac{dz}{ds} = \sin\varphi;$$

c'est pour les lignes du second système une équation différentielle commune, vu que l'angle φ est constant tout le long d'une ligne du premier. Ces lignes sont donc toutes égales.

13. Posons $u = f\varphi$, $v = F\alpha$; nous aurons

$$(1) \quad \begin{aligned} z &= f\varphi, \\ 1 &= \cos\varphi . \sqrt{1+p^2+q^2}, \end{aligned} \qquad (2) \quad \begin{aligned} \alpha x - y &= F\alpha, \\ \alpha p - q &= 0. \end{aligned}$$

On tire de là immédiatement

$$p = \frac{\operatorname{tg}\varphi}{\sqrt{1+\alpha^2}}, \quad q = \frac{\alpha \operatorname{tg}\varphi}{\sqrt{1+\alpha^2}}, \quad dz = f'\varphi . d\varphi = (dx + \alpha dy)\frac{\operatorname{tg}\varphi}{\sqrt{1+\alpha^2}}, \quad dy = \alpha dx + x d\alpha - F'\alpha . d\alpha;$$

puis

$$\frac{f'\varphi}{\operatorname{tg}\varphi}\,d\varphi = d.x\sqrt{1+\alpha^2} - \frac{\alpha F'\alpha.d\alpha}{\sqrt{1+\alpha^2}},$$

$$x\sqrt{1+\alpha^2} = \int \frac{f'\varphi}{\operatorname{tg}\varphi}\,d\varphi + \int \frac{\alpha F'\alpha d\alpha}{\sqrt{1+\alpha^2}}.$$

Qu'on fasse

$$\int \frac{f'\varphi d\varphi}{\operatorname{tg}\varphi} = \frac{f\varphi}{\operatorname{tg}\varphi} + \int f\varphi \frac{d\varphi}{\sin^2\varphi} = \frac{f\varphi}{\operatorname{tg}\varphi} + f_1\varphi,$$

$$\int \frac{\alpha F'\alpha d\alpha}{\sqrt{1+\alpha^2}} = \frac{\alpha F\alpha}{\sqrt{1+\alpha^2}} - \int \frac{F\alpha d\alpha}{(1+\alpha^2)^{\frac{3}{2}}} = \frac{\alpha F\alpha}{\sqrt{1+\alpha^2}} - F_1\alpha\,;$$

il s'ensuit

$$x\sqrt{1+\alpha^2} = \sin\varphi\cos\varphi f'_1\varphi + f_1\varphi + \alpha(1+\alpha^2)F'_1\alpha - F_1\alpha,$$

$$y = \alpha x - (1+\alpha^2)^{\frac{3}{2}}F'_1\alpha,$$

$$z = \sin^2\varphi . f'_1\varphi.$$

De là vient

$$x\sqrt{1+\alpha^2} = z\cot g\varphi + f_1\varphi - \frac{\alpha}{\sqrt{1+\alpha^2}}(y-\alpha x) - F_1\alpha.$$

Si l'on fait

$$V = \frac{x+\alpha y}{\sqrt{1+\alpha^2}} + F_1\alpha - z\cot g\varphi - f_1\varphi,$$

la surface est déterminée par les équations

$$V=0,\quad \frac{dV}{d\varphi}=0,\quad \frac{dV}{d\alpha}=0.$$

Comme la première est celle d'un plan, ce plan est le plan tangent au point $(\alpha,\ \varphi)$.

Les deux équations $V=0$, $\dfrac{dV}{d\varphi}=0$, déterminent la tangente à une ligne du premier système ; l'élimination de φ entre ces équations donnera celle du cylindre circonscrit à la surface suivant une ligne du second système.

Les deux équations $V=0$, $\dfrac{dV}{d\alpha}=0$, déterminent la tangente à une ligne du second système; si l'on élimine α entre elles, on aura l'équation de l'hélicoïde développable circonscrit à la surface suivant une ligne du premier système.

14. Si l'on passe de la surface que nous venons d'examiner à une surface qui lui soit parallèle, par les relations

$$\frac{x'-x}{N}=\frac{-p}{\sqrt{1+p^2+q^2}},\quad \frac{y'-y}{N}=\frac{-q}{\sqrt{1+p^2+q^2}},\quad \frac{z'-z}{N}=\frac{1}{\sqrt{1+p^2+q^2}},$$

les équations (1) et (2) deviendront

$$z'=u+N\cos\varphi=f\varphi+N\cos\varphi,\qquad \alpha x'-y'=\upsilon=F\alpha,$$
$$1=\cos\varphi.\sqrt{1+p^2+q^2},\qquad \alpha p-q=0.$$

Le seul changement est celui de $f\varphi$ en $f\varphi+N\cos\varphi$.

L'équation de la surface s'obtiendra en éliminant α et φ entre les équations

$$V_1=0,\quad \frac{dV_1}{d\varphi}=0,\quad \frac{dV_1}{d\alpha}=0,$$

V_1 étant

$$\frac{x+\alpha y}{\sqrt{1+\alpha^2}}+F_1\alpha-z\operatorname{cotg}\varphi-f_1\varphi-\frac{N}{\sin\varphi}=V-\frac{N}{\sin\varphi}.$$

15. Cas de $l=m$. Les équations sont

$$(1)\quad \begin{cases} z=u,\\ 1=m\sqrt{1+p^2+q^2},\end{cases}\qquad (2)\quad \begin{cases}\alpha x+\beta y+\gamma z=\upsilon,\\ -\alpha p-\beta q+\gamma=\lambda\sqrt{1+p^2+q^2},\end{cases}$$
$$(3)\quad \gamma=m\lambda.$$

D'après la seconde des équations (1), la surface est développable, et $\cos\varphi=m$, de sorte que φ est constant. Il s'ensuit, comme on l'a déjà dit, que les lignes du second système sont des droites. Ces droites étant susceptibles d'être dans des plans différents, on s'explique que les équations (2) contiennent trois indéterminées, les rapports entre α, β, υ et λ. On peut, au reste, déduire de ces équations elles-mêmes l'équation différentielle $\frac{dz}{ds}=\sin\varphi$, car on a, pour les lignes du second système,

$$dz = pdx + pdy, \quad p\alpha + q\beta + \gamma \operatorname{tg}^2\varphi = 0, \quad \alpha dx + \beta dy + \gamma dz = 0, \quad p^2 + q^2 = \operatorname{tg}^2\varphi,$$

d'où l'on déduit

$$[(dx^2 + dy^2)\operatorname{tg}^2\varphi - dz^2](\alpha^2 + \beta^2 - \gamma^2 \operatorname{tg}^2\varphi) = 0,$$

par suite

$$dx^2 + dy^2 = dz^2 \operatorname{cotg}^2\varphi,$$

$$dz = ds . \sin\varphi.$$

Prenons parallèles à l'axe du z les plans passant par les droites; c'est-à-dire soit $\gamma = 0$. Les équations peuvent alors être

$$(1) \quad \begin{array}{l} z = u, \\ 1 = m\sqrt{1 + p^2 + q^2}, \end{array} \qquad (2) \quad \begin{array}{l} \alpha x - y = F\alpha, \\ -\alpha p + q = 0; \end{array}$$

ce sont les équations mêmes du cas précédent, en y faisant $\cos\varphi = m$.

La surface sera donc donnée par

$$V = \frac{x + \alpha y}{\sqrt{1 + \alpha^2}} + F_1\alpha - z \operatorname{cotg}\varphi = 0,$$

et

$$\frac{dV}{d\alpha} = 0,$$

la relation est $F\alpha$ et $F_1\alpha$ étant

$$\int \frac{\alpha F'\alpha\, d\alpha}{\sqrt{1 + \alpha^2}} = \frac{\alpha F\alpha}{\sqrt{1 + \alpha^2}} - F_1\alpha = \alpha(1 + \alpha^2)F'_1\alpha - F_1\alpha.$$

L'hélicoïde développable qu'on a ainsi n'est qu'un cas particulier de la surface du cas précédent, celui où la ligne mobile est une droite.

DU CAS OU LES PLANS DES LIGNES DE COURBURE NE SONT PARALLÈLES ENTRE EUX NI DANS L'UN NI DANS L'AUTRE SYSTÈME.

16. Les plans des deux séries de lignes de courbure étant parallèles à deux

droites rectangulaires entre elles, prenons l'axe des x parallèle aux plans de la première série, et l'axe des y à ceux de la seconde.

Nous aurons

$$\alpha = 0, \quad \beta = 0,$$

et pourrons poser $b = 1$, $a = 1$; les équations seront donc

$$(1) \quad \begin{aligned} x + cz &= u, \\ -q + c &= l\sqrt{1+p^2+q^2}, \end{aligned} \qquad (2) \quad \begin{aligned} x + \gamma z &= v, \\ -p + \gamma &= \lambda\sqrt{1+p^2+q^2}, \end{aligned}$$

$$(3) \qquad c\gamma = l\lambda.$$

La dernière donnant

$$c\gamma' = l\lambda',$$

$$\gamma' = \frac{l}{c}\lambda',$$

il s'ensuit que $\frac{l}{c}$ est une constante : soit $\frac{l}{c} = m$, d'où $\lambda = \frac{1}{m}(\gamma + m_1)$.

On fera que m_1 soit nul, en disposant de l'origine ; et si l'on pose

$$\frac{1}{c} = -t, \quad \frac{1}{\gamma} = -\theta, \quad \frac{u}{c} = \mathrm{F}t, \quad \frac{v}{\gamma} = f\theta,$$

F et f désignant deux fonctions arbitraires, il vient

$$(1) \quad \begin{aligned} z &= ty + \mathrm{F}t, \\ tq + 1 &= m\sqrt{1+p^2+q^2}, \end{aligned} \qquad (2) \quad \begin{aligned} z &= \theta x + f\theta, \\ \theta p + 1 &= \frac{1}{m}\sqrt{1+p^2+q^2}. \end{aligned}$$

Les deux équations différentielles expriment que l'on a

$$\cos(\mathrm{N}, \mathrm{P}) = m\cos(z, \mathrm{P}),$$

$$\cos(\mathrm{N}, \mathrm{P}') = \frac{1}{m}\cos(z, \mathrm{P}');$$

elles sont applicables aux surfaces parallèles de la surface considérée ; elles le sont aussi aux deux séries de cercles qui correspondent sur une sphère aux deux séries de lignes de courbure.

17. L'équivalence des deux systèmes d'équations (1) et (2) résulte des mêmes

considérations qu'au § 11. Elle peut ici se vérifier à l'aide du dernier fait énoncé au § 3.

Soit prise en effet une sphère de rayon R ; supposons-la coupée par des plans parallèles à l'axe des x tels qu'on ait à l'égard des points de la section par chaque plan

$$\cos(N, P) = m \cos(z, P).$$

Soit

$$\mu y + \nu z - \delta = 0,$$

l'équation générale de ces plans, μ et ν étant les cosinus des angles que fait avec oy et oz la normale P à ces plans, on aura

$$\cos(N, P) = \mu \frac{y}{R} + \nu \frac{z}{R} = m \cos(z, P) = m\nu;$$

de sorte que

$$\mu y + \nu z = m\nu R$$

ou

$$\delta = m\nu R.$$

Ainsi

$$\mu y + \nu (z - mR) = 0;$$

c'est-à-dire que les plans se coupent tous suivant la droite qui a pour équations

$$y = 0, \quad z = mR.$$

Les cercles qui correspondent sur la sphère aux lignes du premier système ont ainsi un même axe radical. En conséquence, § 3, les lignes du second système sont également planes. Et comme par rapport à la sphère, la droite conjuguée de la droite ($y = 0$, $z = mR$) a pour équations $x = 0$, $z = \frac{1}{m} R$, les équations (2) résulteront des équations (1); et *vice versâ.*

Détermination des lignes de courbure de la surface.

18. Proposons-nous d'obtenir les équations des lignes de courbure du second système.

La tangente à l'une de ces lignes au point (x, y, z) ayant pour équations,

$$z = \theta x + f\theta,$$
$$y = gx + h,$$

g et h seront des fractions de t et de θ que nous allons déterminer.

Cette tangente fait avec le plan de la ligne du premier système qui passe en (x, y, z) un angle égal à celui des droites N et P ; on a donc

$$\sin(\mathrm{N}, \mathrm{P}) = \cos(\mathrm{T}', \mathrm{P})$$

ou

$$\sqrt{1 - \frac{m^2}{1+t^2}} = \frac{-tg + \theta}{\sqrt{1+t^2}\sqrt{1+g^2+\theta^2}},$$

d'où

$$g^2(1-m^2) + 2t\theta g + \theta^2(t^2-m^2) + 1 + t^2 - m^2 = 0,$$

$$g = \frac{-t\theta \pm \mathrm{T}\Theta}{1-m^2},$$

en faisant

$$\mathrm{T} = \sqrt{1+t^2-m^2}, \qquad \Theta = \sqrt{1+\theta^2 - \frac{1}{m^2}}.$$

La question n'est plus que d'avoir h.

19. Considérons pour cela la ligne de courbure comme l'enveloppe de ses tangentes, quand on fait varier t. Les coordonnées (x, y, z) du point de contact satisferont aux quatre équations

$$\begin{aligned} z &= \theta x + f\theta, \\ y &= gx + h, \\ o &= x\frac{dg}{dt} + \frac{dh}{dt}, \\ z &= ty + \mathrm{F}t. \end{aligned}$$

On en tire

$$(\theta - gt)\frac{dh}{dt} + th\frac{dg}{dt} + (\mathrm{F}t - f\theta)\frac{dg}{dt} = 0,$$

équation linéaire qui, représentée par

$$\frac{dh}{dt} + \mathrm{H}h + \mathrm{H}_1 = 0,$$

a pour intégrale

$$h = e^{-\int \mathrm{H}dt}\left(c_1 - \int \mathrm{H}_1 e^{\int \mathrm{H}dt} dt\right).$$

Or on a

$$\int \mathrm{H}dt = \int \frac{t\dfrac{dg}{dt}}{\theta - gt}\,dt = \int \left(\frac{t\dfrac{dg}{dt} + g}{\theta - gt} - \frac{g}{\theta - gt} \right) dt = -\,l\,(\theta - gt) - \int \frac{g dt}{\theta - gt}$$

et

$$\int \frac{g dt}{\theta - gt} = \int \frac{\dfrac{-\theta t}{\mathrm{T}} \pm m\Theta}{\theta\mathrm{T} \mp mt\Theta}\,dt = l\,\frac{\mathrm{C}}{\theta\mathrm{T} \mp mt\Theta},$$

de sorte que

$$\int \mathrm{H}dt = -\,l\,\frac{\mathrm{C}(\theta - gt)}{\theta\mathrm{T} \mp mt\Theta}, \quad e^{-\int \mathrm{H}dt} = \frac{\mathrm{C}(\theta - gt)}{\theta\mathrm{T} \mp mt\Theta}$$

et

$$\int \mathrm{H}_1 e^{\int \mathrm{H}dt}\,dt = -\,\frac{1 - m^2}{\mathrm{C}} \int dt\,\frac{\mathrm{F}t - f\theta}{\mathrm{T}^3}.$$

De là

$$h = \mathrm{C}\,\frac{\theta - gt}{\theta\mathrm{T} \mp mt\Theta} + \frac{(1 - m^2)(\theta - gt)}{\theta\mathrm{T} \mp mt\Theta} \int dt\,\frac{\mathrm{F}t - f\theta}{\mathrm{T}^3} = \frac{\mathrm{C}}{1 - m^2}\,\mathrm{T} + \mathrm{T} \int dt\,\frac{\mathrm{F}t - f\theta}{\mathrm{T}^3}.$$

La constante C est là indépendante de t, mais c'est une fonction inconnue de θ.

20. Les coordonnées (x,y,z) d'un point M de la surface satisfont aux trois équations

$$z = ty + \mathrm{F}t,$$

$$z = \theta x + f\theta,$$

$$y = \frac{-\theta t \pm m\mathrm{T}\Theta}{1 - m^2}\,x + \frac{\mathrm{C}}{1 - m^2}\,\mathrm{T} + \mathrm{T} \int dt\,\frac{\mathrm{F}t - f\theta}{\mathrm{T}^3}.$$

Comme on peut opérer d'une manière semblable à l'égard des lignes de courbure du premier système, on aura également, en désignant par C′ une fonction de t, indépendante de θ,

$$z = \theta x + f\theta,$$

$$z = ty + \mathrm{F}t,$$

$$x = \frac{-\theta t \pm \frac{1}{m}\Theta \mathrm{T}}{1 - \frac{1}{m^2}} y + \frac{\mathrm{C}'}{1 - \frac{1}{m^2}} \Theta + \Theta \int d\theta \frac{f\theta - \mathrm{F}t}{\Theta^3}.$$

Portons la valeur de y

$$y = \frac{\theta x + f\theta - \mathrm{F}t}{t}$$

dans les deux équations intégrales ainsi considérées. Il viendra

$$\left\{\frac{\theta}{t} - \frac{t\theta \pm m\mathrm{T}\Theta}{1 - m^2}\right\} x = \frac{\mathrm{F}t - f\theta}{t} + \frac{\mathrm{CT}}{1 - m^2} + \mathrm{T}\int dt \frac{\mathrm{F}t - f\theta}{\mathrm{T}^3},$$

$$\left\{1 - \frac{-\theta t \pm \frac{1}{m}\Theta \mathrm{T}}{1 - \frac{1}{m^2}}\right\} x = \frac{-\theta t \pm \frac{1}{m}\Theta\mathrm{T}}{1 - \frac{1}{m^2}} \frac{f\theta - \mathrm{F}t}{t} + \mathrm{C}' \frac{\Theta}{1 - \frac{1}{m^2}} + \Theta \int \frac{f\theta - \mathrm{F}t}{\Theta^3} d\theta;$$

d'où l'on tire

$$\frac{\theta\mathrm{T} \mp mt\Theta}{(1 - m^2)t} x = \frac{\mathrm{C}}{1 - m^2} + \frac{\mathrm{F}t - f\theta}{t\mathrm{T}} + \int dt \frac{\mathrm{F}t - f\theta}{\mathrm{T}^3},$$

$$\frac{\theta\mathrm{T} \mp mt\Theta}{(1 - m^2)t} x = \mp \frac{m\mathrm{C}'}{1 - m^2} + \frac{\mp m\theta t + \mathrm{T}\Theta}{(1 - m^2)\Theta} \frac{\mathrm{F}t - f\theta}{t} \mp \frac{1}{m} \int \frac{\mathrm{F}t - f\theta}{\Theta^3} d\theta.$$

Il s'ensuit, en égalant les seconds membres, et différentiant par rapport à θ,

$$\frac{1}{1 - m^2} \frac{d\mathrm{C}}{d\theta} - \frac{f'\theta}{t\mathrm{T}} - f'\theta \int \frac{dt}{\mathrm{T}^3} = \pm \frac{m\theta f'\theta}{(1 - m^2)\Theta} - \frac{\mathrm{T}f'\theta}{(1 - m^2)t}$$

$$\frac{1}{1 - m^2} \frac{d\mathrm{C}}{d\theta} = \frac{f'\theta}{t\mathrm{T}} + \frac{f'\theta}{\mathrm{T}(\mathrm{T} - t)} \pm \frac{m\theta f'\theta}{(1 - m^2)\Theta} - \frac{\mathrm{T}}{(1 - m^2)t} f'\theta,$$

enfin

$$\frac{d\mathrm{C}'}{d\theta} = f'\theta \pm \frac{m\theta f'\theta}{\Theta},$$

$$\mathrm{C} = f\theta \pm m \int \frac{\theta f'\theta}{\Theta} + \mathrm{K} = f\theta \pm \frac{m\theta f\theta}{\Theta} \pm \frac{1 - m^2}{m} \int \frac{d\theta f\theta}{\Theta^3} + \mathrm{K},$$

4

K étant une constante qui ne dépend ni de t, ni de θ ; mais c'est encore une fonction de m à fixer.

21. L'intégrale devient par cette valeur de C

$$y = \frac{-\theta t \pm m\mathrm{T}\Theta}{1-m^2}\,x + \frac{-t\Theta \pm m\theta\mathrm{T}}{(1-m^2)\Theta}\,f\theta \pm \frac{1}{m}\,\mathrm{T}\int\frac{d\theta\,f\theta}{\Theta^3} + \mathrm{T}\int\frac{dt\,\mathrm{F}t}{\mathrm{T}^3} + \frac{\mathrm{KT}}{1-m^2};$$

elle détermine, avec

$$z = \theta x + f\theta,$$

la tangente à une ligne du second système.

Il en résulte, pour la tangente à une ligne du premier système, *mutatis mutandis*,

$$x = \frac{-t\theta \pm \frac{1}{m}\,\Theta\mathrm{T}}{1-\frac{1}{m^2}}\,y + \frac{-\theta\mathrm{T} \pm \frac{1}{m}\,t\Theta}{\left(1-\frac{1}{m^2}\right)\mathrm{T}}\,\mathrm{F}t \pm m\Theta\int\frac{dt\,\mathrm{F}t}{\mathrm{T}^3} + \theta\int\frac{d\theta\,f\theta}{\Theta^3} + \frac{\mathrm{K}_1\Theta}{1-\frac{1}{m^2}},$$

et

$$z = ty + \mathrm{F}t,$$

et si $\mathrm{K} = \varphi m$, on aura

$$\mathrm{K}_1 = \varphi\,\frac{1}{m}.$$

Qu'on remplace $\mathrm{F}t$ par $ty - \theta x - f\theta$, on aura

$$y = \frac{-\theta t \pm m\mathrm{T}\Theta}{1-m^2}\,x + \frac{-t\Theta \pm m\theta\mathrm{T}}{(1-m^2)\Theta}\,f\theta + \mathrm{T}\int\frac{dt\,\mathrm{F}t}{\mathrm{T}^3} \pm \frac{\mathrm{T}}{m}\int\frac{d\theta\,f\theta}{\Theta^3} + \frac{\mathrm{K}_1\mathrm{T}}{\pm m\left(1-\frac{1}{m^2}\right)},$$

équation identique à une précédente, si l'on a

$$\mathrm{K} = \mp m\mathrm{K}_1,$$

ou

$$\varphi m = \mp m\varphi\left(\frac{1}{m}\right).$$

S'il s'agit de

$$\varphi m = m\varphi\left(\frac{1}{m}\right),$$

en posant $\varphi m = (1 + m)\psi m$, il s'ensuit

$$\psi m = \psi\left(\frac{1}{m}\right);$$

et s'il s'agit de

$$\varphi m = -m\varphi\left(\frac{1}{m}\right),$$

en prenant

$$\varphi m = (1 - m)\psi m,$$

il s'ensuit de même

$$\psi m = \psi\left(\frac{1}{m}\right).$$

Désignons par h une fonction de m qui ne change pas quand m se change ainsi en $\frac{1}{m}$; telle sera $h = \chi(m) + \chi\left(\frac{1}{m}\right)$, χm étant une fonction quelconque de m. Nous aurons

$$K = (1 \mp m)h,$$

par suite

$$y = \frac{-\theta t \pm mT\theta}{1-m^2}x + \frac{-t\theta + m\theta T}{(1-m^2)\theta}f\theta \pm \frac{1}{m}T\int\frac{d\theta f\theta}{\theta^3} + T\int\frac{dt Ft}{T^3} + \frac{hT}{1 \pm m}.$$

Passer d'un signe à l'autre, c'est changer le signe de m.

22. Nous avons donc pour déterminer la tangente à une ligne du second système, les deux équations

$$(4)\qquad y = \frac{-\theta t + mT\theta}{1-m^2}x + \frac{-t\theta + m\theta T}{(1-m^2)}f\theta + \frac{1}{m}T\int\frac{d\theta f\theta}{\theta^3} + T\int\frac{dt Ft}{T^3} + \frac{hT}{1+m},$$

$$(4)'\qquad z = \theta x + f\theta.$$

Le point de contact sera donné par ces équations jointes à

$$(4)'' \qquad z = ty + \mathrm{F}t.$$

Si t s'élimine entre (4) et (4)'', l'équation résultante et l'équation (4)' détermineront la ligne de courbure. L'élimination subséquente de θ, conduira à l'équation de la surface.

Les lignes du premier système pourront en conséquence se déterminer aussi par l'équation (4)'', et par l'équation résultante due à l'élimination de θ entre (4) et (4)'.

Pour les équations de la tangente à une ligne du premier système, on aura

$$(5) \qquad x = \frac{-t\theta + \frac{1}{m}\Theta\mathrm{T}}{1 - \frac{1}{m^2}} y + \frac{-\theta\mathrm{T} + \frac{1}{m}t\Theta}{\left(1 - \frac{1}{m^2}\right)} \mathrm{F}t + m\Theta \int \frac{dt\,\mathrm{F}t}{\mathrm{T}^3} + \theta \int \frac{d\theta f\theta}{\Theta^3} + \frac{h\mathrm{T}}{1 + \frac{1}{m}}.$$

$$(5)' \qquad z = ty + \mathrm{F}t.$$

La surface sera aussi déterminée par ces équations jointes à

$$(5)'' \qquad z = \theta x + f\theta.$$

Posons

$$\mathrm{V} = y + \frac{tz}{1 - m^2} - \frac{m\mathrm{T}}{1 - m^2}\left(x\Theta + \frac{\theta f\theta}{\Theta}\right) - \mathrm{T}\left(\frac{1}{m}\int \frac{f\theta\, d\theta}{\Theta^3} + \int \frac{dt\,\mathrm{F}t}{\mathrm{T}^3} + \frac{h}{1+m}\right),$$

une ligne de courbure du second système aura sa tangente déterminée par

$$\mathrm{V} = 0, \quad z = \theta x + f\theta,$$

la surface sera donnée par ces équations et $z = ty + \mathrm{F}t$, ou par

$$\mathrm{V} = 0, \quad z = \theta x + f\theta, \quad \frac{d\mathrm{V}}{dt} = 0.$$

Si l'on prend

$$V_1 = x + \frac{\theta z}{1-\frac{1}{m^2}} - \frac{1}{m}\frac{\theta}{1-\frac{1}{m^2}}\left(yT + \frac{tFt}{T}\right) - \theta\left(m\int\frac{Ft\,dt}{T^3} + \int\frac{d\theta f\theta}{\theta^3} + \frac{h}{1+\frac{1}{m}}\right),$$

la surface pourra de même être déterminée par

$$V_1 = 0, \quad z = ty + Ft, \qquad z = \theta x + f\theta,$$

ou

$$V_1 = 0, \quad z = ty + Ft, \quad \frac{dV_1}{d\theta} = 0.$$

Et si l'on pose

$$W = x\frac{1+\frac{1}{m}}{\theta} + y\frac{1+m}{T} + z\left\{\frac{\theta}{\left(1-\frac{1}{m}\right)\theta} + \frac{t}{(1-m)T}\right\}$$

$$-\left\{(1+m)\int\frac{Ft\,dt}{T^3} + \left(1+\frac{1}{m}\right)\int\frac{f\theta\,d\theta}{\theta^3} + h\right\}$$

on aura, pour équations, sous une forme plus symétrique,

$$W = 0, \quad z = \theta x + f\theta, \quad z = ty + Ft,$$

ou

$$W = 0, \quad \frac{dW}{d\theta} = 0, \quad \frac{dW}{dt} = 0. \tag{6}$$

L'équation $W = 0$ est là l'équation du plan tangent à la surface au point où se coupent les deux lignes de courbure dont les plans sont donnés par

$$\frac{dW}{d\theta} = 0, \quad \frac{dW}{dt} = 0.$$

La tangente à la ligne du premier système est donnée par

$$W=0, \quad \frac{dW}{dt}=0,$$

la tangente à l'autre par

$$W=0, \quad \frac{dW}{d\theta}=0.$$

L'élimination de t entre $W=0$, $\frac{dW}{dt}=0$, donnera l'équation de l'hélicoïde circonscrit à la surface suivant la ligne dont le plan est donné par

$$\frac{dW}{d\theta}=0,$$

et par l'élimination ultérieure de θ, on aura l'équation de la surface comme enveloppe de cet hélicoïde variable.

Les équations (6) sont bien celles qu'ont obtenues M. Bonnet et M. Serret.

M. Bonnet a fait une étude intéressante du cas où $f\theta=0$, et y a rattaché le cas général par d'ingénieuses considérations. Je regrette de ne pouvoir les reproduire ici. Nous retrouverons ce cas aux §§ 63 et 64.

23. Au cas particulier de $m=1$, on aura

$$W=\frac{x}{\theta}+\frac{y}{t}-\frac{z}{2}\left(\frac{1}{\theta^2}+\frac{1}{t^2}-1\right)-\int\frac{f\theta\, d\theta}{\theta^3}-\int\frac{Ft\, dt}{t^3}-\frac{h}{2}=0$$

avec

$$z=ty+Ft, \quad z=\theta x+f\theta,$$

ou

$$\frac{dW}{dt}=0, \quad \frac{dW}{d\theta}=0.$$

24. Pour des surfaces parallèles à celles que nous venons de considérer, les équations (1) et (2) deviennent

$$(1)\quad \begin{cases} z'=ty'+Nm+Ft \\ tq+1=m\sqrt{1+p^2+q^2} \end{cases}$$

$$(2)\quad \begin{cases} z' = \theta x' + N\dfrac{1}{m} + f\theta \\ \theta p + 1 = \dfrac{1}{m}\sqrt{1+p^2+q^2}\,; \end{cases}$$

comme on a

$$(1+m)\int \frac{dt}{(1+t^2-m^2)^{\frac{3}{2}}} = \frac{t}{(1-m)\sqrt{1+t^2-m^2}},$$

une surface parallèle sera déterminée par les équations

$$W = x\,\frac{1+\frac{1}{m}}{\Theta} + y\,\frac{1+m}{T} + (z-Nm)\,\frac{t}{(1-m)T} + \left(z - N\frac{1}{m}\right)\frac{\theta}{\left(1-\frac{1}{m}\right)\Theta}$$

$$-\left\{(1+m)\int\frac{Ft\,dt}{T^3} + \left(1+\frac{1}{m}\right)\int\frac{f\theta\,d\theta}{\Theta^3} + h\right\},$$

$$\frac{dW}{dt} = 0, \quad \frac{dW}{d\theta} = 0.$$

25. Les deux fonctions Ft, $f\theta$ peuvent se considérer comme fixant deux cylindres qu'enveloppent les plans des lignes du 1er et du 2e système ; inversement, en se donnant les deux cylindres, on fixera les deux fonctions. Ainsi les deux cylindres et les constantes m et h déterminent entièrement la surface.

Les considérations géométriques qui suivent, sans qu'elles donnent une description générale de la surface que nous venons de déterminer analytiquement, répondent en partie, il nous semble, aux faits analytiques qui précèdent ; mais je n'entends aucunement les mettre en balance avec celles qu'a présentées M. Bonnet.

Soit donné le cylindre qu'enveloppent les plans des lignes de la première série ; soit prise dans un plan tangent à ce cylindre une ligne quelconque comme ligne de cette série, et soit assignée la direction du cylindre qu'enveloppent les plans des lignes de l'autre série. Supposons connue en outre l'inclinaison de la surface sur le plan de la ligne donnée, c'est-à-dire une première valeur de l'angle (N, P).

Prenons une sphère et considérons en son centre une droite oz, qui soit à angle droit avec les deux cylindres, ainsi que le cône des rayons parallèles aux normales de la surface le long de la ligne assignée. La trace du cône sur la sphère sera le cercle correspondant à cette ligne. Celle de l'axe *oz* sur le plan du cercle sera un point de la droite H, parallèle aux génératrices du premier cylindre, axe radical des cercles de la première série. Si l'on mène par la droite H, qui sera alors fixée, un plan infiniment voisin du plan du premier cercle obtenu, et qu'on prenne le cône circonscrit à la sphère suivant ce cercle, l'intersection d'un plan tangent au cylindre donné parallèle à ce plan avec l'hélicoïde parallèle au cône passant par la ligne donnée, ayant ses génératrices normales à cette ligne, sera une seconde ligne de courbure du premier système, et le cercle correspondant sur la sphère sera connu. Par une double construction du même genre, on en déduira une troisième ligne de courbure, et ainsi de suite.

Pour fixer les hélicoides qui se succèdent ainsi, au lieu de recourir à une sphère et à la droite H, on peut se servir de la formule

$$\cos (N, P) = \sin (T', P) = \frac{m}{\sqrt{1 + t^2}}.$$

Avec les données dont il a été question ci-dessus, on connaîtra une première valeur de sin (T',P) et une première valeur de t; la constante m s'ensuivra. Après quoi, un second plan tangent au cylindre fixant une nouvelle valeur de t, la formule donnera la valeur correspondante de l'angle (T', P); d'où un second hélicoïde circonscrit à la surface, etc.

Ajoutons que les lignes de courbure du second système sont, à partir de la ligne donnée du premier, des trajectoires aux plans tangents du cylindre donné, coupant ces plans dont l'équation générale est

$$z = ty + Ft,$$

sous un angle φ variable suivant la formule

$$\sin \varphi = \frac{m}{\sqrt{1 + t^2}},$$

avec la condition qu'elles soient normales au lieu de leurs traces sur chaque plan tangent.

26. La cyclide, l'enveloppe d'une sphère tangente à trois sphères fixes, est

la seule surface où, les lignes de courbure étant planes, les plans de chaque série passent par une même droite.

Soient

$$z - z_1 = t(y - y_1),$$

$$z = \theta x$$

les équations générales des deux séries de plans.

L'axe des y est ainsi la droite H' par laquelle passent les plans de la seconde série, et la droite H commune aux autres a pour équations

$$y = y_1, \quad z = z_1.$$

Nous avons là

$$f\theta = 0, \quad Ft = z_1 - ty_1$$

de sorte que

$$W = x \frac{1 + \frac{1}{m}}{\sqrt{1 + \theta^2 - \frac{1}{m^2}}} + y \frac{1 + m}{\sqrt{1 + t^2 - m^2}} + z \left\{ \frac{\theta}{\left(1 - \frac{1}{m}\right)\sqrt{1 + \theta^2 - \frac{1}{m^2}}} + \frac{t}{(1 - m)\sqrt{1 + t^2 - m^2}} \right\}$$

$$- \left\{ (1 + m) \int \frac{(z_1 - ty_1)\, dt}{(1 + t^2 - m^2)^{\frac{3}{2}}} + h \right\}$$

$$= x \frac{1 + \frac{1}{m}}{\sqrt{1 + \theta^2 - \frac{1}{m^2}}} + (y - y_1) \frac{1 + m}{\sqrt{1 + t^2 - m^2}} + (z - z_1) \frac{t}{(1 - m)\sqrt{1 + t^2 - m^2}}$$

$$+ \frac{z\theta}{\left(1 - \frac{1}{m}\right)\sqrt{1 + \theta^2 - \frac{1}{m^2}}} + h = 0,$$

il y faut ajouter

$$z = \theta x, \quad z - z_1 = t(y - y_1).$$

L'équation qui en résulte pour la surface est

$$-m\sqrt{\left(1 - \frac{1}{m^2}\right)x^2 + z^2} + \sqrt{(1 - m^2)(y - y_1)^2 + (z - z_1)^2} - h(1 - m) = 0.$$

S'il l'on y fait

$$x = x' \cos \omega, \quad z = x' \sin \omega,$$

il vient

$$-mx' \sqrt{1 - \frac{1}{m^2} \cos^2 \omega} + \sqrt{(1 - m^2)(y - y_1)^2 + (x' \sin \omega - z_1)^2} - h(1 - m) = 0;$$

d'où

$$(1 - m^2)\left\{x'^2 + (y - y_1)^2\right\} - 2\left\{z_1 \sin \omega + mh(1 - m)\sqrt{1 - \frac{1}{m^2} \cos^2 \omega}\right\} x' + z_1^2 - h^2(1 - m)^2 = 0;$$

les lignes de courbure du second système sont donc des cercles. Celles du premier doivent l'être au même titre; on peut le vérifier, en prenant $y - y_1 = y' \cos \omega$, $z - z' = y' \sin \omega$. La surface est en conséquence l'enveloppe d'une sphère tangente à trois sphères fixes.

27. L'équation précédente peut se mettre sous les deux formes suivantes :

$$\left\{(1 - m^2)[x^2 + (y - y_1)^2 + z^2] - 2z_1 z + z_1^2 - h^2(1 - m)^2\right\}^2 = 4m^2 h^2 (1 - m)^2 \left[\left(1 - \frac{1}{m^2}\right) x^2 + z^2\right],$$

$$\left\{(1 - m^2)[x^2 + (y - y_1)^2 + z^2] - 2z_1 z + z_1^2 + h^2(1 - m)^2\right\}^2 = 4h^2(1 - m)^2 [(1 - m^2)(y - y_1)^2 + (z - z_1)^2]$$

Ces deux formes se rencontrent immédiatement quand on fait l'étude de la surface cyclique en suivant un ordre d'idées qu'il n'est peut-être pas inopportun de retracer ici.

Quand une surface est l'enveloppe d'une sphère dont le centre se meut sur un plan, tandis que le rayon est proportionnel à la distance du centre à une droite fixe située sur le plan, les lignes de courbure sont toutes planes (Voir le mémoire de M. Bonnet, ou plus loin, § 63.) Ces lignes sont, les unes, les intersections successives de la sphère mobile, les autres, les sections de la surface par les plans menés suivant la droite fixe.

Quand la directrice du centre est une conique, on reconnaît que les plans des intersections successives de la sphère passent par une même droite, si la première droite fixe est perpendiculaire à l'axe focal de la conique, et que le rapport du rayon de la sphère à la distance de son centre et de cette droite soit l'excentricité de la conique. Les lignes de courbure sont alors toutes des cercles; la surface est une surface cyclique.

Que la conique directrice ait pour équations

$$\gamma=0, \quad \frac{\alpha^2}{A}+\frac{\beta^2}{B}=1,$$

et la droite fixe

$$z=0, \quad mx+p=0,$$

la sphère mobile

$$(x-\alpha)^2+(y-\beta)^2+z^2=(m\alpha+p)^2,$$

on a

$$m^2=\frac{A-B}{A},$$

et pour équation de la surface

$$(x^2+y^2+z^2-p^2+B)^2=4\{A(x+mp)^2+By^2\},$$

ou sous une autre forme

$$(x^2+y^2+z^2-p^2-B)^2=4\left\{(A-B)\left(x+\frac{p}{m}\right)^2-Bz^2\right\}.$$

La seconde série de sphères inscrites à la surface a pour équation générale

$$(x-\lambda)^2+y^2+(z-\nu)^2=m'^2(\lambda+mp)^2,$$

si l'on a

$$\frac{\lambda^2}{A-B}+\frac{\nu^2}{-B}=1, \quad \text{et} \quad m'^2=\frac{A}{A-B},$$

de sorte que,

Étant données deux coniques qui soient focales l'une de l'autre, si l'on prend dans leurs plans deux perpendiculaires à leur axe commun telles que leurs distances au centre soient dans le même rapport que les excentricités des deux coniques, la surface enveloppe d'une sphère dont le centre parcourt l'une de ces coniques, tandis que son rayon et la distance de son centre à celle des deux droites qui est située dans le plan de cette conique, sont dans un rapport constant égal à l'excentricité de la même conique, est une surface cyclique, et les deux droites sont les axes radicaux relatifs aux deux séries de cercles de courbure. En outre, il suffit de faire varier les deux droites fixes pour avoir par cette génération une suite complète de surfaces cycliques parallèles.

28. Nous terminerons ce premier chapitre en indiquant encore la valeur de la fonction W, quand les plans des deux séries de lignes de courbure enveloppent deux cylindres de révolution ayant pour axes l'axe des x et l'axe des y.

Les équations des deux cylindres étant alors

$$y^2 + z^2 = R^2, \quad z^2 + x^2 = r^2,$$

on aura

$$z = \theta x + r\sqrt{1+\theta^2},$$

$$z = ty + R\sqrt{1+t^2};$$

de sorte que

$$f\theta = r\sqrt{1+\theta^2}, \quad Ft = R\sqrt{1+t^2};$$

par suite

$$\int \frac{dt\, Ft}{(1+t^2-m^2)^{\frac{3}{2}}} = R\int \frac{dt\sqrt{1+t^2}}{(1+t^2-m^2)^{\frac{3}{2}}} = R\int \frac{d\varphi}{(1-m^2\cos^2\varphi)\sqrt{1-m^2\cos^2\varphi}},$$

en posant

$$t = \text{tang}\,\varphi, \quad \text{et l'on peut supposer} \quad m^2 < 1;$$

puis

$$\int \frac{d\theta f\theta}{\left(1+\theta^2-\frac{1}{m^2}\right)^{\frac{3}{2}}} = r\int \frac{d\psi}{\left(1-\frac{1}{m^2}\cos^2\psi\right)\sqrt{1-\frac{1}{m^2}\cos^2\psi}},$$

en posant

$$\theta = \text{tang.}\,\psi,$$

et si l'on prend $\cos\psi = m\cos\chi$,

$$\int \frac{d\theta f\theta}{\left(1+\theta^2-\frac{1}{m^2}\right)^{\frac{3}{2}}} = mr\int \frac{d\chi}{(1-\cos^2\chi)\sqrt{1-m^2\cos^2\chi}};$$

de là

$$W = x\frac{1+m}{\text{tang}\chi} + y\frac{(1+m)\cos\varphi}{\sqrt{1-m^2\cos^2\varphi}} + r\left\{\frac{\sqrt{1-m^2\cos^2\chi}}{\left(1-\frac{1}{m}\right)\sin\chi} + \frac{\sin\varphi}{(1-m)\sqrt{1-m^2\cos^2\varphi}}\right\}$$

$$-\left\{(1+m)R\int \frac{d\varphi}{(1-m^2\cos^2\varphi)\sqrt{1-m^2\cos^2\varphi}} + (1+m)r\int \frac{d\chi}{(1-\cos^2\chi)\sqrt{1-m^2\cos^2\chi}} + h\right\}.$$

CHAPITRE II

Surfaces dont les lignes de courbure sont les unes planes et les autres sphériques.

PRÉLIMINAIRES.

29. Soit

$$-ax-by-cz=u$$

l'équation générale des plans des lignes planes, soit

$$(x-\alpha)^2+(y-\beta)^2+(z-\gamma)^2=\alpha^2+\beta^2+\gamma^2+2v=\theta^2,$$

celle des sphères sur lesquelles se trouvent les lignes sphériques, nous aurons

$$(1)\qquad \begin{aligned} -ax-by-cz&=u,\\ ap+bq-c&=l\sqrt{1+p^2+q^2},\end{aligned}$$

$$(2)\qquad \begin{aligned} (x-\alpha)^2+(y-\beta)^2+(z-\gamma)^2&=\alpha^2+\beta^2+\gamma^2+2v=\theta^2,\\ -(x-\alpha)p-(y-\beta)q+z-\gamma&=\lambda\sqrt{1+p^2+q^2},\end{aligned}$$

l désignant une constante pour tous les points d'une même ligne plane, variant d'une ligne à une autre, λ étant dans le même cas pour les lignes sphériques.

30. Soient en un point M (x, y, z), quelconque sur la surface, MN la normale à cette surface, MP l'axe du plan de la première ligne de courbure, MO le rayon de la sphère à laquelle appartient la seconde, MT et MT′ les tangentes de ces deux lignes.

Les plans OMN, NMP sont perpendiculaires entre eux, l'étant aux tangentes MT, MT'; on a donc

$$\cos(MO, MP) = \cos(MO, MN) . \cos(MP, MN),$$

par suite, vu les secondes équations (1) et (2),

$$a\alpha + b\beta + c\gamma + u = l\lambda. \tag{3}$$

Réciproquement, si les équations (1), (2), (3) s'appliquent à la fois à une surface, les lignes de courbure en sont, les unes planes, les autres sphériques.

La surface présentera en effet, d'après les équations (1) et (2), des sections planes et des lignes sphériques qui en seront des lignes de courbure. Puis, en raison de l'équation (3), une section plane et une ligne sphérique se coupent à angle droit. Les deux suites de lignes seront donc distinctes, par conséquent elles constituent les deux séries de lignes de courbure.

31. En procédant comme dans le premier chapitre, et par le même genre de notations, nous déduirons de l'équation (3)

$$a\alpha' + b\beta' + c\gamma' = l\lambda',$$
$$a\alpha'' + b\beta'' + c\gamma'' = l\lambda'',$$

d'où

$$a(\alpha'\lambda'' - \alpha''\lambda') + b(\beta'\lambda'' - \beta''\lambda') + c(\gamma'\lambda'' - \gamma''\lambda') = 0,$$
$$a'(\alpha'\lambda'' - \alpha''\lambda') + b'(\beta'\lambda'' - \beta''\lambda') + c'(\gamma'\lambda'' - \gamma''\lambda') = 0,$$
$$a''(\alpha'\lambda'' - \alpha''\lambda') + b''(\beta'\lambda'' - \beta''\lambda') + c''(\gamma'\lambda'' - \gamma''\lambda') = 0,$$

équations qui exigent

$$\text{soit} \quad \lambda' = 0, \quad \text{ou} \quad \lambda = m,$$

$$\text{soit} \quad \frac{\lambda''}{\lambda'} = \frac{\alpha''}{\alpha'} = \frac{\beta''}{\beta'} = \frac{\gamma''}{\gamma'}, \quad \text{d'où} \quad \alpha = K\gamma + h, \quad \beta = K_1\gamma + h_1,$$

soit α, β, γ égales à des constantes,

$$\text{soit} \quad \begin{vmatrix} a & b & c \\ a' & b' & c' \\ a'' & b'' & c'' \end{vmatrix} = 0, \quad \text{d'où} \quad Aa + Bb + Cc = 0.$$

On a également

$$a\alpha' + b\beta' + c\gamma' = l\lambda',$$
$$a'\alpha' + b'\beta' + c'\gamma' = l'\lambda',$$

d'où

$$(al' - a'l)\alpha' + (bl' - b'l)\beta' + (cl' - c'l)\gamma' = 0,$$
$$(al' - a'l)\alpha'' + (bl' - b'l)\beta'' + (cl' - c'l)\gamma'' = 0,$$
$$(al' - a'l)\alpha''' + (bl' - b'l)\beta''' + (cl' - c'l)\gamma''' = 0,$$

ce qui exige

soit α, β, γ égales à des constantes.

soit $l = 0$;

soit $\frac{l'}{l} = \frac{a'}{a} = \frac{b'}{b} = \frac{c'}{c}$, d'où $b = ka$, $c = k_1 a$;

soit $\begin{vmatrix} \alpha' & \beta' & \gamma' \\ \alpha'' & \beta'' & \gamma'' \\ \alpha''' & \beta''' & \gamma''' \end{vmatrix} = 0$, d'où $A_1\alpha + B_1\beta + C_1\gamma + D_1 = 0.$

Réciproquement :
si l'on a

$$\lambda = m,$$

il s'ensuivra

$$a\alpha' + b\beta' + c\gamma' = 0,$$
$$a\alpha'' + b\beta'' + c\gamma'' = 0,$$
$$a\alpha''' + b\beta''' + c\gamma'' = 0,$$

d'où soit

$$\alpha, \beta, \gamma \quad \text{constantes},$$

soit

$$A_1\alpha + b_1\beta + c_1\gamma + D_1 = 0.$$

D'autre part,

$$a\alpha' + b\beta' + c\gamma' = 0,$$
$$a'\alpha' + b'\beta' + c'\gamma' = 0,$$
$$a''\alpha' + b''\beta' + c''\gamma' = 0;$$

d'où

$$Aa + Bb + Cc = 0,$$

à moins qu'on n'ait α, β, γ égales à des constantes.

Si l est égal à zéro, on aura

$$a\alpha + b\beta + c\gamma + u = 0,$$

d'où

$$a\alpha' + b\beta' + c\gamma' = 0,$$
$$a'\alpha' + b'\beta' + c'\gamma' = 0,$$
$$a''\alpha' + b''\beta' + c''\gamma' = 0,$$

et

$$a\alpha' + b\beta' + c\gamma' = 0,$$
$$a\alpha'' + b\beta'' + c\gamma'' = 0,$$
$$a\alpha''' + b\beta''' + c\gamma''' = 0,$$

ce qui entraîne que α, β, γ soient des constantes, ou qu'on ait

$$Aa + Bb + Cc = 0,$$
$$A_1\alpha + B_1\beta + C_1\gamma + D_1 = 0.$$

Si α, β, γ sont des constantes, on a

$$l\lambda' = 0,$$

de sorte qu'alors il vient

$$l = 0$$

ou

$$\lambda = m.$$

Si $\alpha = k\gamma + h$, $\beta = k_1\gamma + h_1$, en prenant la droite pour axe des z, on aura

$$\alpha = 0, \quad \beta = 0,$$
$$u + c\gamma = l\lambda,$$

d'où

$$c\gamma' = l\lambda',$$
$$c = l\frac{\lambda'}{\gamma'},$$

ce qui veut

soit $\quad l = 0, \quad c = 0,$

soit $\quad \lambda = m, \quad e = 0,$

soit $$\lambda = \frac{\gamma}{m} + m_1, \quad u = cm_1 m.$$

Dans le dernier cas, l'équation générale des plans devient

$$-ax - by - c(z + mm_1) = 0,$$

les plans passent par un point fixe.

Si l'on a

$$b = ka, \quad c = k_1 a,$$

il vient

$$a(\alpha + k\beta + k_1\gamma) + u = l\lambda,$$

ou

$$\alpha + k\beta + k\gamma + u = l\lambda,$$

en disposant de a et le prenant égal à 1 ; d'où

$$\alpha' + k\beta' + k_1\gamma' = l\lambda';$$

par suite

soit $\lambda = m, \quad \alpha + k\beta + k_1\gamma = m_1,$

soit $l = m.$

32. — Nous devons conclure que les circonstances à examiner sont :

1° D'avoir α, β, γ égales à des constantes, cas se subdivisant en deux autres, celui où l'on a $l = 0$, et celui où l'on a $\lambda = m$.

2° D'avoir

$$\alpha = k\gamma + h, \quad \beta = k_1\gamma + h_1,$$

en y traitant, à côté du cas général, les cas particuliers de $\lambda = m$, et de $l = 0$.

3° D'avoir

$$b = ka, \quad c = k_1 a,$$

cas qui se subdivise en deux, suivant que l'on a

$$l = m \quad \text{ou} \quad \lambda = m;$$

4° D'avoir

$$Aa + Bb + Cc = 0,$$

$$A_1\alpha + B_1\beta + C_1\gamma + D_1 = 0$$

avec examen particulier des cas de $\lambda = m$ et de $l = 0$.

Ier Cas. — LES SPHÈRES CONCENTRIQUES.

33. 1° Soit —

$$l = 0.$$

Prenons pour origine le centre des sphères. Les équations seront

$$(1)\quad \begin{cases} -ax - by - cz = u, \\ ap + bq - c = 0, \end{cases} \qquad (2)\quad \begin{cases} x^2 + y^2 + z^2 = 2v, \\ -px - qy + z = \lambda\sqrt{1 + p^2 + q^2}, \end{cases}$$

$$(3)\qquad u = 0;$$

c'est-à-dire, en faisant

$$c = -1, \quad b = \mathrm{F}a, \quad 2v = \theta^2, \quad \lambda = f\theta,$$

$$(1)\quad \begin{cases} z = ax + by, \\ ap + bq + 1 = 0, \end{cases} \qquad (2)\quad \begin{cases} x^2 + y^2 + z^2 = \theta^2, \\ -px - qy + z = \lambda\sqrt{1 + p^2 + q^2}, \end{cases}$$

$$b = \mathrm{F}a, \quad \lambda = f\theta.$$

On voit par les équations (1) que les plans des lignes planes passent au centre commun des sphères, et qu'ils sont normaux à la surface. Les lignes sphériques sont en conséquence des trajectoires orthogonales à ces plans. Elles sont donc décrites par les points de l'une d'elles, quand on fait rouler son plan sur le cône qu'enveloppent les plans des lignes planes, et celles-ci sont les positions de la ligne qu'on fait ainsi mouvoir.

On peut prendre arbitrairement le cône et une première ligne dans l'un de ses plans tangents.

Prendre arbitrairement $\mathrm{F}a$, c'est fixer le cône à volonté. Pour l'analyse, au lieu d'une première ligne prise dans un plan tangent au cône, nous supposerons assignée l'expression de λ en fonction de θ, à savoir $f\theta$.

Soit φ l'angle que fait le rayon OM avec la tangente MT à la ligne plane qui passe en M. Comme d'après la seconde des équations (1) le plan de la ligne est orthogonal à la surface, on a

$$\sin\varphi = \cos(\theta, \mathrm{N}) = \frac{-px - qy + z}{\theta\sqrt{1 + p^2 + q^2}} = \frac{f\theta}{\theta}.$$

L'angle φ ne dépend ainsi que de θ. Il s'ensuit que les lignes planes sont toutes égales. En outre, la distance de l'origine O au plan tangent à la surface en M étant

$$\frac{-px - qy + z}{\sqrt{1 + p^2 + q^2}} = f\theta,$$

et cette distance étant celle de la tangente MT au point O, les lignes planes sont toutes disposées de la même manière à l'égard du point O ; les points homologues de ces lignes sont donc sur des sphères concentriques au cône. Ce sont là des conséquences des équations (1) et (2) conformes aux faits géométriques qui viennent d'être énoncés.

Détermination analytique des lignes de courbure sphériques.

34. — Toute ligne de courbure sphérique étant orthogonale aux plans des lignes planes, on a pour une pareille ligne

$$\frac{dx}{a} = \frac{dy}{b} = \frac{dz}{-1}.$$

Proposons-nous d'obtenir une équation différentielle entre z et a.

Vu l'équation

$$adx + bdy - dz + xda + ydb = 0,$$

on aura

$$\frac{dx}{a} = \frac{dy}{b} + \frac{dz}{-1} = \frac{adx + bdy - dz}{a^2 + b^2 + 1} = \frac{-(xda + ydb)}{a^2 + b^2 + 1};$$

donc

$$xda + ydb = (a^2 + b^2 + 1)dz.$$

Mais des équations

$$ax + by = z,$$

$$x^2 + y^2 + z^2 = \theta^2$$

on déduit

$$x = \frac{az \pm bR}{a^2 + b^2}, \quad y = \frac{bz \mp aR}{a^2 + b^2},$$

en posant

$$R = \sqrt{(a^2 + b^2)\theta^2 - (a^2 + b^2 + 1)z^2} = \pm(bx - ay).$$

De là l'équation

$$\frac{z(ada + bdb)}{(a^2 + b^2)\sqrt{a^2 + b^2 + 1}\,R} - \frac{\sqrt{a^2 + b^2 + 1}\,dz}{R} \pm \frac{bda - adb}{(a^2 + b^2)\sqrt{a^2 + b^2 + 1}} = 0.$$

L'ensemble des deux premiers termes ayant pour intégrale

$$-\text{arc tang}\frac{z\sqrt{a^2+b^2+1}}{R},$$

on a pour l'intégrale de l'équation

$$V = -\text{arc tang}\frac{z\sqrt{a^2+b^2+1}}{R} + K \pm \int \frac{bda - adb}{(a^2+b^2)\sqrt{a^2+b^2+1}} = 0,$$

K étant là une fonction de θ.

Les lignes sphériques sont ainsi déterminées par les équations

$$V = 0, \quad x^2 + x^2 + z^2 = \theta^2,$$

supposé que a et b en soient éliminés au moyen des équations

$$ax + by = z, \quad b = Fa.$$

La surface étant le lieu de ses lignes sphériques, sera donc représentée par l'équation

$$V = 0,$$

après l'élimination de a, b, θ, à l'aide des équations

$$x^2 + y^2 + z^2 = \theta^2, \quad ax + by = z, \quad b = Fa,$$

en supposant K exprimé en fonction de θ.

35. Les choses ainsi considérées, nous allons déterminer K, en nous proposant de satisfaire à la seconde des équations (2).

Nous avons d'abord

$$\frac{dV}{da}\frac{da}{dx} + \frac{dV}{dz}p + \frac{dV}{d\theta}\frac{d\theta}{dx} = 0, \qquad a + \left(x + y\frac{db}{da}\right)\frac{da}{dx} = p,$$

$$x + pz = \theta\frac{d\theta}{dx},$$

de sorte que

$$\frac{dV}{da}\frac{p-a}{x+y\dfrac{db}{da}} + \frac{dV}{dz}p + \frac{dV}{d\theta}\frac{x+pz}{\theta} = 0,$$

et comme l'on a

$$\frac{dV}{da}=\frac{z\left(a+b\frac{db}{da}\right)}{(a^2+b^2)\sqrt{a^2+b^2+1}\,R}\pm\frac{b-a\frac{db}{da}}{(a^2+b^2)\sqrt{a^2+b^2+1}}=\frac{x+y\frac{db}{da}}{\sqrt{a^2+b^2+1}\,R}$$

$$\frac{dV}{dz}=-\frac{\sqrt{a^2+b^2+1}}{R}$$

$$\frac{dV}{d\theta}=\frac{z\sqrt{a^2+b^2+1}}{\theta R}+\frac{dK}{d\theta},$$

il vient

$$\frac{p-a}{\sqrt{a^2+b^2+1}\,R}-\frac{\sqrt{a^2+b^2+1}}{R}p+\left(\frac{z\sqrt{a^2+b^2+1}}{\theta R}+\frac{dK}{d\theta}\right)\frac{x+pz}{\theta}=0;$$

on aura de même

$$\frac{q-b}{\sqrt{a^2+b^2+1}\,R}-\frac{\sqrt{a^2+b^2+1}}{R}q+\left(\frac{z\sqrt{a^2+b^2+1}}{\theta R}+\frac{dK}{d\theta}\right)\frac{y+qz}{\theta}=0.$$

De là

$$p=\frac{a\theta^2-xz(a^2+b^2+1)-\theta Rx\sqrt{a^2+b^2+1}\,\frac{dK}{d\theta}}{\left(-R+\theta z\sqrt{a^2+b^2+1}\,\frac{dK}{d\theta}\right)R}$$

$$q=\frac{b\theta^2-yz(a^2+b^2+1)-\theta Ry\sqrt{a^2+b^2+1}\,\frac{dK}{d\theta}}{\left(-R+\theta z\sqrt{a^2+b^2+1}\,\frac{dK}{d\theta}\right)R}.$$

Ces valeurs donnent, quel que soit K,

$$ap+bq+1=0.$$

Nous en tirons

$$z-px-qy=\frac{\theta^3R\sqrt{a^2+b^2+1}\,\frac{dK}{d\theta}}{\left(-R+\theta z\sqrt{a^2+b^2+1}\,\frac{dK}{d\theta}\right)R}$$

$$p^2+q^2+1=\frac{-\theta^2(a^2+b^2+1)+z(a^2+b^2+1)(z-px-qy)+\theta\frac{dK}{d\theta}(z-px-qy)R\sqrt{a^2+b^2+1}}{\left(-R+\theta z\sqrt{a^2+b^2+1}\,\frac{dK}{d\theta}\right)R}$$

$$=\frac{(a^2+b^2+1)\theta^2+\theta^4(a^2+b^2+1)\left(\frac{dK}{d\theta}\right)^2}{\left(-R+\theta z\sqrt{a^2+b^2+1}\,\frac{dK}{d\theta}\right)^2}.$$

En substituant dans l'équation, $-px - qy + z = \lambda\sqrt{1+p^2+q^2}$, on obtient

$$\theta^2(\theta^2-\lambda^2)\left(\frac{dK}{d\theta}\right)^2 = \lambda^2,$$

$$\frac{dK}{d\theta} = \frac{\lambda}{\theta\sqrt{\theta^2-\lambda^2}},$$

ce qui donne

$$K = \int\frac{\lambda d\theta}{\theta\sqrt{\theta^2-\lambda^2}} = -\text{arc tang}\,\frac{\lambda}{\sqrt{\theta^2-\lambda^2}} + \int\frac{d\lambda}{\sqrt{\theta^2-\lambda^2}}.$$

L'équation intégrale est donc

$$V = -\text{arc tang}\,\frac{z\sqrt{a^2+b^2+1}}{R} - \text{arc tang}\,\frac{\lambda}{\sqrt{\theta^2-\lambda^2}} + \int\frac{d\lambda}{\sqrt{\theta^2-\lambda^2}} \pm \int\frac{bda-adb}{(a^2+b^2)\sqrt{a^2+b^2+1}} = 0.$$

Les signes supérieur et inférieur pour la dernière intégrale correspondent aux signes de même ordre dans les expressions

$$x = \frac{az \pm bR}{a^2+b^2},\quad y = \frac{bz \mp aR}{a^2+b^2},$$

ou

$$\pm(bx - ay) = R.$$

On y joindra les équations

$$z = ax + by,\qquad b = Fa,$$
$$x^2+y^2+z^2 = \theta^2,\qquad \lambda = f\theta.$$

L'élimination de a et de b donnera les équations générales des lignes de courbure sphériques ; celle de θ et de λ les équations générales des lignes planes.

Dans son application de l'analyse à la géométrie, Monge a donné pour les lignes sphériques une équation qui revient à notre première détermination de V (§ 34), mais par une analyse moins simple que la nôtre.

36. On aura les mêmes équations (1) et (2) pour la série des surfaces parallèles à celle que nous venons de déterminer, sauf à remplacer

$$\lambda \text{ par } N+\lambda \quad\text{et}\quad \theta^2 \text{ par } \theta'^2 = N^2+\theta^2+2N\lambda.$$

2. Soit

$$\lambda = m.$$

37. En plaçant l'origine au centre des sphères, on a

$$(1)\quad \begin{aligned} -ax-by-cz&=ml,\\ ap+bq-c&=l\sqrt{1+p^2+q^2},\end{aligned}\qquad (2)\quad \begin{aligned} x^2+y^2+z^2&=\theta^2,\\ -px-qy+z&=m\sqrt{1+p^2+q^2}.\end{aligned}$$

Nous pouvons déduire de la seconde des équations (2) que la surface est une sphère concentrique à l'origine de rayon m, ou bien une surface développable circonscrite à cette sphère.

Il résulte en effet de cette équation qu'on a

$$-rx-sy=m\frac{pr+qs}{\sqrt{1+p^2+q^2}},$$

$$-sx-ty=m\frac{ps+qt}{\sqrt{1+p^2+q^2}},$$

d'où soit

$$rt-s^2=0,$$

soit

$$x=\frac{-mp}{\sqrt{1+p^2+q^2}},\quad y=\frac{-mq}{\sqrt{1+p^2+q^2}},\quad z=\frac{m}{\sqrt{1+p^2+q^2}}.$$

Au dernier cas, on aurait

$$\frac{-m}{\sqrt{1+p^2+q^2}}=\frac{x}{p}=\frac{y}{q}=\frac{z}{-1}=\frac{\sqrt{x^2+y^2+z^2}}{\sqrt{1+p^2+q^2}},\quad \text{donc}\quad x^2+y^2+z^2=m^2.$$

C'est une solution à écarter.

Il reste ainsi

$$rt-s^2=0;$$

c'est-à-dire que la surface est développable. La distance du plan tangent à l'origine étant égale à m constamment, la surface est circonscrite à la sphère du rayon m qui a l'origine pour centre.

Qu'on prenne sur la sphère une ligne quelconque, l'enveloppe des plans tangents à la sphère le long de cette ligne sera une surface développable circonscrite, sur laquelle la ligne sera une trajectoire orthogonale aux génératrices rectilignes. Les lignes de courbure de la surface seront ces génératrices et leurs trajectoires orthogonales. La ligne de contact sur la sphère est l'une de celles-ci, les autres du même système seront sur des sphères concentriques, parce que les portions de génératrices interceptées entre la première et chacune d'elles seront égales. On peut encore déduire le même fait de ce que la surface est le lieu d'une droite située dans un plan qui roule sur un cône ayant l'origine pour sommet, et n'est ainsi qu'un cas particulier de la surface obtenue dans le cas précédent. Considérons en effet sur la sphère la développée de la ligne directrice, et imaginons le cône qui, ayant le centre de la sphère pour sommet, passe par cette développée. Soit μ le point de cette dernière ligne correspondant au point M de la directrice. Si l'on fait rouler sur le cône le plan $OM\mu$, le point M décrira la directrice. Mais la tangente en M à l'arc $M\mu$ sera une droite de ce plan qui sera la génératrice même de notre surface développable.

38. — Nous pouvons assujettir les plans donnés par la première des équations (1) à passer par l'origine : c'est prendre $l = 0$, d'où résulte, en faisant $c = -1$,

$$(1)\quad \begin{cases} z = ax + by, \\ ap + bq + 1 = 0, \end{cases} \qquad (2)\quad \begin{cases} x^2 + y^2 + z^2 = \theta^2, \\ -px - qy + z = m\sqrt{1 + p^2 + q^2}, \end{cases}$$

équations que donnent celles du cas précédent, quand on y fait $\lambda = m$.

De là pour l'intégrale, l'équation

$$V = -\operatorname{arc\,tang} \frac{z\sqrt{a^2+b^2+1}}{\sqrt{(a^2+b^2)\theta^2-(a^2+b^2+1)z^2}} - \operatorname{arc\,tang} \frac{m}{\sqrt{\theta^2 - m^2}} \pm \int \frac{bda - adb}{(a^2+b^2)\sqrt{a^2+b^2+1}} = 0;$$

On y joindra

$$z = ax + by, \qquad x^2 + y^2 + z^2 = \theta^2, \qquad b = Fa.$$

L'équation

$$-px - qy + z = m\sqrt{1 + p^2 + q^2}$$

est ici l'équation même du plan tangent à la surface, quand on y considère x, y, z comme coordonnées courantes, et les valeurs de p et de q comme relatives à un point de contact. Qu'une relation soit donc donnée ou établie entre p et q, l'équation de la surface résultera de l'élimination de p et de q entre cette relation, et

$$V = 0, \qquad \frac{dV}{dp} = 0,$$

V désignant $-px - py + z - m\sqrt{1 + p^2 + q^2}$.

2e Cas. — LES CENTRES DES SPHÈRES SUR UNE MÊME DROITE.

39. Prenons la droite pour axe des z; les équations seront

$$(1)\quad \begin{aligned} &-ax-by-cz=u,\\ &ap+bq-c=l\sqrt{1+p^2+q^2}, \end{aligned}\qquad (2)\quad \begin{aligned} &x^2+y^2+(z-\gamma)^2=\gamma^2+2\upsilon,\\ &-px-qy+z-\gamma=\lambda\sqrt{1+p^2+q^2}, \end{aligned}$$

$$(3)\qquad u+c\gamma=l\lambda,$$

on tire de la dernière

$$c\gamma'=l\lambda',$$

$$c=l\frac{\lambda'}{\gamma'},$$

ce qui exige qu'on ait

Soit $l=0,\quad c=0,\quad u=0;$

Soit $\lambda=m,\quad c=0,\quad u=lm;$

Soit $\dfrac{\lambda'}{\gamma'}=\dfrac{1}{m},\quad l=cm,\quad \lambda=\dfrac{\gamma}{m}+m_1,\quad u=cm_1m.$

Réserve faite des deux premières circonstances, nous aurons donc ici pour la première des équations (1)

$$-ax-by-c(z+mm_1)=0,$$

d'après quoi les plans des lignes du premier système ont un point fixe pour lequel

$$x=0,\quad y=0,\quad z=-mm_1.$$

Si on y porte l'origine, il s'ensuivra $m_1=0$, $\lambda=\dfrac{\gamma}{m}$, et si l'on fait $c=-1$, $\gamma^2+2\upsilon=\theta^2$, les équations seront

$$(1)\quad \begin{aligned} &z = ax + by, \\ &ap + bq + 1 = -m\sqrt{1+p^2+q^2}, \end{aligned} \qquad (2)\quad \begin{aligned} &x^2 + y^2 + (z-\gamma)^2 = \theta^2, \\ &-px - qy + z - \gamma = \frac{\gamma}{m}\sqrt{1+p^2+q^2}, \end{aligned}$$

m se supposant différent de zéro, et de ∞.

Nous pouvons considérer b comme fonction arbitraire de a, et θ comme l'étant de γ, de sorte que nous poserons

$$b = \mathrm{F}a, \quad \theta = f\gamma.$$

40. Nous avons ici, d'après les secondes des équations (1) et (2),

$$\cos(\mathrm{N}, \theta) = \frac{\gamma}{m\theta} \quad \text{ou} \quad \frac{\theta \cos(\mathrm{N}, \theta)}{\gamma} = \frac{1}{m},$$

et

$$\cos(\mathrm{N}, \mathrm{P}) = -m \cos(\mathrm{P}, z).$$

La seconde de ces relations s'applique aux lignes qui sur une sphère correspondent aux lignes du premier système, et il s'ensuit que les plans de ces lignes concourent aussi en un même point. Car si l'équation générale des plans sécants à la sphère est

$$a\xi + b\eta = \zeta + h,$$

l'on aura

$$\cos(\mathrm{N}, \mathrm{P}) = \frac{\xi a + b\eta - \zeta}{r\sqrt{a^2 + b^2 + 1}} = -\frac{\xi a + b\eta - \zeta}{r}\cos(\mathrm{P}, z),$$

donc

$$\xi a + b\eta - \zeta = mr,$$

ce qui accuse un point fixe donné par

$$\xi = 0, \quad \eta = 0, \quad \zeta = -mr.$$

Les lignes qui correspondront sur la sphère aux lignes du second système seront donc les trajectoires orthogonales aux cercles suivant lesquels elle est coupée par les plans dont l'équation générale est

$$\xi a + b\eta - \zeta = mr,$$

eu égard à $b = \mathrm{F}a$.

41. Pour la détermination géométrique de la surface, il se présente ici des considérations analogues à celles que nous avons développées au sujet des surfaces dont les lignes de courbure sont toutes planes.

Soit donné l'axe oz, lieu des centres des sphères. Soit connu sur cet axe le point O, sommet des cônes qu'enveloppent les plans des lignes de courbure planes; et soit donné le cône, ainsi qu'une ligne dans l'un de ses plans tangents comme première ligne de courbure plane. Soit d'ailleurs assignée la constante m.

Considérons une sphère de rayon r, prenons sur une parallèle à oz menée par son centre un point dont la distance à ce centre soit $-mr$, et imaginons un cône homothétique au cône donné qui ait ce point pour sommet. Menons à ce nouveau cône un plan tangent parallèle au plan de la ligne de courbure donnée; la section du plan et de la sphère sera la ligne sphérique correspondant à cette première ligne de courbure. Suivant la section, on aura un cône tangent à la sphère, et suivant la ligne donnée un hélicoïde correspondant. Les intersections de l'hélicoïde et de la sphère par des plans parallèles respectivement tangents aux deux cônes et infiniment voisins des premiers seront une seconde ligne de courbure plane de la surface et la ligne correspondante sur la sphère. Il s'ensuivra un second cône tangent à la sphère, un second hélicoïde circonscrit à la surface; et en continuant ainsi, la surface sera le lieu des lignes de courbure successivement construites.

La ligne du premier système que nous nous sommes ainsi donnée correspond à une fonction arbitraire qui s'introduirait par une intégration directe des équations (1). La surface serait ainsi fixée par cette fonction arbitraire, par la relation $b = Fa$, et par la constante m. Elle pourrait l'être également par la relation $\theta = f\gamma$, la constante m et une fonction arbitraire qu'amènerait une intégration directe des équations (2).

Dans ce qui va suivre, nous nous proposons de faire dépendre analytiquement la surface des deux relations $b = Fa$, $\theta = f\gamma$. C'est le point de vue où nous nous sommes placés précédemment, et qui doit dominer dans tout ce travail.

Recherche des lignes de courbure sphériques.

42. Les droites MT′, MN, MP étant situées dans un même plan, la seconde perpendiculaire à la première, nous avons

$$\cos(\mathrm{MT}', \mathrm{MP}) = \pm \sin(\mathrm{MN}, \mathrm{MP}),$$

ce qui donne, pour déterminer les lignes sphériques,

$$(4)\qquad \begin{aligned} &x^2 + y^2 + (z-\gamma)^2 = \theta^2, \\ &(adx + bdy - dz)^2 = (a^2 + b^2 + 1 - m^2)\,ds^2, \end{aligned}$$

ou, à cause de $z = ax + by$,

$$(4')\qquad \begin{aligned} &x^2 + y^2 + (z-\gamma)^2 = \theta^2, \\ &(xda + ydb)^2 = (a^2 + b^2 + 1 - m^2)(dx^2 + dy^2 + dz^2). \end{aligned}$$

Cherchons une équation différentielle entre a et z.

Des relations

$$ax + by = z,$$
$$x^2 + y^2 + (z-\gamma)^2 = \theta^2,$$

on tire

$$adx + bdy = dz - xda - ydb,$$
$$xdx + ydy = -(z-\gamma)\,dz,$$

et de là

$$(ay - bx)^2(dx^2 + dy^2 + dz^2) = [(a^2 + b^2 + 1)\,\theta^2 - \gamma^2]\,dz^2 - 2[\theta^2 + \gamma(z-\gamma)](xda + ydb)\,dz$$
$$+ [\theta^2 - (z-\gamma)^2](xda + ydb)^2,$$

$$(5)\ x = \frac{az \pm b\mathrm{R}}{a^2 + b^2},\quad y = \frac{bz \mp a\mathrm{R}}{a^2 + b^2},\quad \pm(bx - ay) = \mathrm{R} = \sqrt{(a^2 + b^2)[\theta^2 - (z-\gamma)^2] - z^2}.$$

Il s'ensuit, eu égard à l'équation (4)',

$$\left\{xda + ydb - \frac{(a^2 + b^2 + 1 - m^2)[\theta^2 + \gamma(z-\gamma)]}{(1-m^2)[\theta^2 - (z-\gamma)^2] + z^2}\,dz\right\}^2 = \frac{(a^2 + b^2 + 1 - m^2)(m^2\theta^2 - \gamma^2)}{\{(1-m^2)[\theta^2 - (z-\gamma)^2] + z^2\}^2}\,\mathrm{R}^2 dz^2.$$

L'équation (4) exigeant qu'on ait $a^2 + b^2 + 1 - m^2 \geqq 0$, on aura aussi $m^2\theta^2 - \gamma^2 \geqq 0$.

De là

$$xda + ydb - \frac{(a^2 + b^2 + 1 - m^2)[\theta^2 + \gamma(z-\gamma)]}{(1-m^2)[\theta^2 - (z-\gamma)^2] + z^2} = \frac{\sqrt{a^2 + b^2 + 1 - m^2}\,\sqrt{m^2\theta^2 - \gamma^2}}{(1-m^2)[\theta^2 - (z-\gamma)^2] + z^2}\,\mathrm{R}dz,$$

$\sqrt{m^2\theta^2 - \gamma^2}$ emportant implicitement le double signe.

En posant

$$(1-m^2)[\theta^2-(z-\gamma)^2]+z^2=\Theta,$$

cette équation se transforme en

$$(6)\quad \frac{z}{\sqrt{a^2+b^2+1-m^2}\,R}\,\frac{ada+bdb}{a^2+b^2}-\frac{\sqrt{a^2+b^2+1-m^2}\,[\theta^2+\gamma(z-\gamma)]dz}{\Theta R}$$

$$=\mp\frac{bda-adb}{(a^2+b^2)\sqrt{a^2+b^2+1-m^2}}-\frac{\sqrt{m^2\theta^2-\gamma^2}dz}{\Theta}.$$

43. Dans le premier membre, la différentielle du premier terme par rapport à z, et celle du second par rapport à a ont pour valeur commune

$$\frac{(ada+bdb)[\theta^2+\gamma(z-\gamma)]dz}{\sqrt{a^2+b^2+1-m^2}\,R^3}.$$

Le premier membre est donc la différentielle complète d'une fonction de a et de z.

Cette fonction est

$$V_1=-\frac{1}{\sqrt{1-m^2}}\operatorname{arctg}\frac{z\sqrt{a^2+b^2+1-m^2}}{\sqrt{1-m^2}\,R}.$$

Il est aisé de le vérifier.

On trouve d'ailleurs pour l'intégrale du second terme du second membre

$$\frac{1}{\sqrt{1-m^2}}\operatorname{arctg}\frac{m^2(z-\gamma)+\gamma}{\sqrt{1-m^2}\,\sqrt{m^2\theta^2-\gamma^2}}.$$

De là pour l'intégrale de l'équation différentielle (6),

$$(7)\quad V=-\frac{1}{\sqrt{1-m^2}}\operatorname{arctg}\frac{z\sqrt{a^2+b^2+1-m^2}}{\sqrt{1-m^2}\,R}+\frac{1}{\sqrt{1-m^2}}\operatorname{arctg}\frac{m^2(z-\gamma)+\gamma}{\sqrt{1-m^2}\,\sqrt{m^2\theta^2-\gamma^2}}$$

$$\pm\int\frac{bda-adb}{(a^2+b^2)\sqrt{a^2+b^2+1-m^2}}+K=0,$$

supposé $m^2<1$,

K désignant une fonction de γ.

44. L'expression de V_1 s'obtient assez péniblement en procédant par les voies régulières. Le procédé suivant est, je crois, des plus simples.

Considérons le second terme de l'équation différentielle,

$$-\frac{\sqrt{a^2+b^2+1-m^2}[\theta^2+\gamma(z-\gamma)]dz}{\Theta R}.$$

On peut le mettre sous la forme

$$-\frac{1}{2}\frac{[\theta^2+\gamma(z-\gamma)]dz}{\sqrt{\theta^2-(z-\gamma)^2}\,R\left[\sqrt{a^2+b^2+1-m^2}\sqrt{\theta^2-(z-\gamma)^2}-R\right]}$$

$$+\frac{1}{2}\frac{[\theta^2+\gamma(z-\gamma)]dz}{-\sqrt{\theta^2-(z-\gamma)^2}\,R\left[\sqrt{a^2+b^2+1-m^2}\sqrt{\theta^2-(z-\gamma)^2}+R\right]}$$

en observant que l'on a

$$\Theta=(a^2+b^2+1-m^2)[\theta^2-(z-\gamma)^2]-R^2.$$

Or, si l'on pose

$$z=\sqrt{a^2+b^2}\sqrt{\theta^2-(z-\gamma)^2}.\,u,$$

il vient

$$[\theta^2+\gamma(z-\gamma)]dz=\sqrt{a^2+b^2}[\theta^2-(z-\gamma)^2]^{\frac{3}{2}}du,$$

$$R=\sqrt{a^2+b^2}\sqrt{\theta^2-(z-\gamma)^2}\sqrt{1-u^2},$$

$$\frac{-\frac{1}{2}[\theta^2+\gamma(z-\gamma)]dz}{\sqrt{\theta^2-(z-\gamma)^2}\,R\left[\sqrt{a^2+b^2+1-m^2}\sqrt{\theta^2-(z-\gamma)^2}-R\right]}$$

$$=-\frac{1}{2}\frac{du}{\sqrt{1-u^2}\left[\sqrt{a^2+b^2+1-m^2}-\sqrt{a^2+b^2}\sqrt{1-u^2}\right]},$$

$$=-\frac{dv}{\sqrt{a^2+b^2+1-m^2}-\sqrt{a^2+b^2}+\left[\sqrt{a^2+b^2+1-m^2}+\sqrt{a^2+b^2}\right]v^2}.$$

en posant

$$u=\frac{2v}{1+v^2},$$

différentielle dont l'intégrale est

$$-\frac{1}{\sqrt{1-m^2}}\operatorname{arctg} v\sqrt{\frac{\sqrt{a^2+b^2+1-m^2}+\sqrt{a^2+b^2}}{\sqrt{a^2+b^2+1-m^2}-\sqrt{a^2+b^2}}}$$

$$=-\frac{1}{\sqrt{1-m^2}}\operatorname{arctg}\frac{\sqrt{a^2+b^2}\sqrt{\theta^2-(z-\gamma)^2}-R}{z}\sqrt{\frac{\sqrt{a^2+b^2+1-m^2}+\sqrt{a^2+b^2}}{\sqrt{a^2+b^2+1-m^2}-\sqrt{a^2+b^2}}}.$$

On a en conséquence

$$\int\frac{-\sqrt{a^2+b^2+1-m^2}\,[\theta^2+\gamma(z-\gamma)]dz}{\Theta R}$$

$$=-\frac{1}{\sqrt{1-m^2}}\left[\operatorname{arctg}\frac{\sqrt{a^2+b^2}\sqrt{\theta^2-(z-\gamma)^2}-R}{z}\,\frac{\sqrt{a^2+b^2+1-m^2}+\sqrt{a^2+b^2}}{\sqrt{1-m^2}}\right.$$

$$\left.-\operatorname{arctg}\frac{\sqrt{a^2+b^2}\sqrt{\theta^2-(z-\gamma)^2}+R}{z}\,\frac{\sqrt{a^2+b^2+1-m^2}+\sqrt{a^2+b^2}}{\sqrt{1-m^2}}\right].$$

$$=\frac{1}{\sqrt{1-m^2}}\operatorname{arctg}\frac{R\sqrt{1-m^2}}{z\sqrt{a^2+b^2+1-m^2}}=\frac{1}{\sqrt{1-m^2}}\left(\frac{\pi}{2}-\operatorname{arctg}\frac{z\sqrt{a^2+b^2+1-m^2}}{R\sqrt{1-m^2}}\right).$$

Nous pouvons donc prendre pour intégrale

$$V_1=-\frac{1}{\sqrt{1-m^2}}\operatorname{arc\,tang}\frac{z\sqrt{a^2+b^2+1-m^2}}{R\sqrt{1-m^2}}.$$

L'équation (7) jointe à l'équation $x^2+y^2+(z-\gamma)^2=\theta^2$, déterminera, moyennant une valeur convenable de K toute ligne de courbure sphérique, après l'élimination de a et de b à l'aide des équations $ax+by=z$, $b=Fa$, en ayant égard à $\theta=f\gamma$. L'élimination subséquente de γ donnera l'équation de la surface.

45. Il nous reste à obtenir la fonction de γ désignée par K. Nous allons le faire par la condition que les valeurs de p et de q auxquelles conduit l'équation (7) satisfassent à l'équation

$$(a\gamma-m^2x)p+(b\gamma-m^2y)q+\gamma+m^2(z-\gamma)=0,$$

qui se tire des équations (1) et (2) en éliminant $\sqrt{1+p^2+q^2}$.

On a d'abord, pour déterminer p,

$$\frac{dV}{da}\frac{da}{dx}+\frac{dV}{dz}p+\left(\frac{dV}{d\theta}\frac{d\theta}{d\gamma}+\frac{dV}{d\gamma}+\frac{dK}{d\gamma}\right)\frac{d\gamma}{dx}=0,$$

$$\left(x+y\frac{db}{da}\right)\frac{da}{dx}+a=p,$$

$$x+(z-\gamma)\left(p-\frac{d\gamma}{dx}\right)=\theta\frac{d\theta}{d\gamma}\frac{d\gamma}{dx},$$

d'où

$$\frac{dV}{da}\frac{p-a}{x+y\frac{db}{da}}+\frac{dV}{dz}p+\left(\frac{dV}{d\theta}\frac{d\theta}{d\gamma}+\frac{dV}{d\gamma}+\frac{dK}{d\gamma}\right)\frac{x+p(z-\gamma)}{z-\gamma+\theta\frac{d\theta}{d\gamma}}=0.$$

On a de même

$$\frac{dV}{da}\frac{q-b}{x+y\frac{db}{da}}+\frac{dV}{dz}q+\left(\frac{dV}{d\theta}\frac{d\theta}{d\gamma}+\frac{dV}{d\gamma}+\frac{dK}{d\gamma}\right)\frac{y+q(z-\gamma)}{z-\gamma+\theta\frac{d\theta}{d\gamma}}=0.$$

En multipliant par $a\gamma-m^2x$, et $b\gamma-m^2y$, on en déduit

$$\frac{dV}{da}\frac{\gamma(a^2+b^2+1-m^2)}{x+y\frac{db}{da}}+\frac{dV}{dz}[\gamma+m^2(z-\gamma)]+\left(\frac{dV}{d\theta}\frac{d\theta}{d\gamma}+\frac{dV}{d\gamma}+\frac{dK}{d\gamma}\right)\frac{m^2\theta^2-\gamma^2}{z-\gamma+\theta\frac{d\theta}{d\gamma}}=0,$$

mais l'on a

$$\frac{dV}{da}=\frac{z\left(a+b\frac{db}{da}\right)}{(a^2+b^2)\sqrt{a^2+b^2+1-m^2}\,R}\pm\frac{b-ab'}{(a^2+b^2)\sqrt{a^2+b^2+1-m^2}},$$

$$\frac{dV}{dz}=-\frac{\sqrt{a^2+b^2+1-m^2}\,[\theta^2+\gamma(z-\gamma)]}{\theta R}+\frac{\sqrt{m^2\theta^2-\gamma^2}}{\theta},$$

$$\frac{dV}{d\theta}\frac{d\theta}{d\gamma}+\frac{dV}{d\gamma}=z\frac{\left(\theta\frac{d\theta}{d\gamma}+z-\gamma\right)\sqrt{a^2+b^2+1-m^2}}{\theta R}+\frac{\gamma z+(1-m^2)\theta^2-[m^2z+(1-m^2)\gamma]\theta\frac{d\theta}{d\gamma}}{\theta\sqrt{m^2\theta^2-\gamma^2}}.$$

il s'ensuit

$$\gamma\frac{\sqrt{a^2+b^2+1-m^2}}{R}-\frac{\sqrt{a^2+b^2+1-m^2}\,[\theta^2+\gamma(z-\gamma)][m^2z+(1-m^2)\gamma]}{\theta R}$$

$$+\frac{(m^2\theta^2-\gamma^2)z\sqrt{a^2+b^2+1-m^2}}{\Theta R}+\frac{\gamma+m^2(z-\gamma)}{\theta}\sqrt{m^2\theta^2-\gamma^2}$$

$$+\frac{\sqrt{m^2\theta^2-\gamma^2}}{\theta\left(z-\gamma+\theta\dfrac{d\theta}{d\gamma}\right)}\left\{\gamma z+(1-m^2)\theta^2-[m^2z+(1-m^2)\gamma]\,\theta\frac{d\theta}{d\gamma}\right\}+\frac{dK}{d\gamma}\,\frac{m^2\theta^2-\gamma^2}{\Theta\left(z-\gamma+\theta\dfrac{d\theta}{d\gamma}\right)}=0,$$

ce qui se réduit à

$$\frac{\sqrt{m^2\theta^2-\gamma^2}}{z-\gamma+\theta\dfrac{d\theta}{d\gamma}}\left(1+\frac{dK}{d\gamma}\sqrt{m^2\theta^2-\gamma^2}\right)=0,$$

d'où

$$\frac{dK}{d\gamma}=-\frac{1}{\sqrt{m^2\theta^2-\gamma^2}},$$

$$K=-\int\frac{d\gamma}{\sqrt{m^2\theta^2-\gamma^2}}.$$

On a donc finalement

$$(8)\quad V=-\frac{1}{\sqrt{1-m^2}}\operatorname{arc\,tang}\frac{z\sqrt{a^2+b^2+1-m^2}}{\sqrt{1-m^2}R}+\frac{1}{\sqrt{1-m^2}}\operatorname{arc\,tang}\frac{m^2(z-\gamma)+\gamma}{\sqrt{1-m^2}\sqrt{m^2\theta^2-\gamma^2}}$$

$$-\int\frac{d\gamma}{\sqrt{m^2\theta^2-\gamma^2}}\pm\int\frac{bda-adb}{(a^2+b^2)\sqrt{a^2+b^2+1-m^2}}=0,$$

on y doit joindre

$$z=ax+by,\qquad b=Fa,$$

$$x^2+y^2+(z-\gamma)^2=\theta^2,\qquad \theta=f\gamma.$$

Remarque.— Notre détermination de K suppose qu'on ait $z-\gamma+\theta\dfrac{d\theta}{d\gamma}$, et $x+y\dfrac{db}{da}$ différents de zéro.

Si l'on avait $z-\gamma+\theta\dfrac{d\theta}{d\gamma}=0$, il s'ensuivrait, vu l'équation $x^2+y^2+(z-\gamma)^2=\theta^2$,

$$xdx+ydy+(z-\gamma)\,dz=0;$$

la sphère serait donc tangente à la surface en leurs points communs. La surface serait alors une surface de révolution, comme enveloppe de sphères ayant leurs centres sur l'axe oz ; les plans des lignes de courbure planes passeraient par cet axe, on aurait donc $a = \infty$, $b = \infty$; c'est une circonstance étrangère à notre analyse.

Si l'on supposait

$$x + y\frac{db}{da} = 0,$$

on aurait

$$dz = adx + bdy;$$

les plans des lignes de courbure planes seraient tangents à la surface le long de ces lignes; la surface serait une surface développable, par suite un cône ayant l'origine pour sommet.

46. L'équation (8), à cause de la valeur de R, peut s'écrire

$$(8)' \quad V = \mp \frac{1}{\sqrt{1-m^2}} \operatorname{arctg} \frac{z\sqrt{a^2+b^2+1-m^2}}{\sqrt{1-m^2}\,(bx-ay)} + \frac{1}{\sqrt{1-m^2}} \operatorname{arctg} \frac{m^2(z-\gamma)+\gamma}{\sqrt{1-m^2}\,\sqrt{m^2\theta^2-\gamma^2}}$$

$$-\int \frac{d\gamma}{\sqrt{m^2\theta^2-\gamma^2}} \pm \int \frac{bda - adb}{(a^2+b^2)\sqrt{a^2+b^2+1-m^2}} = 0.$$

En posant $z = r(x\cos\varphi + y\sin\varphi)$, et $r = f\varphi$, on aura encore

$$V = -\frac{1}{\sqrt{1-m^2}} \operatorname{arctg} \frac{z\sqrt{r^2+1-m^2}}{R\sqrt{1-m^2}} + \frac{1}{\sqrt{1-m^2}} \operatorname{arctg} \frac{m^2(z-\gamma)+\gamma}{\sqrt{1-m^2}\sqrt{m^2\theta^2-\gamma^2}} - \int \frac{d\gamma}{\sqrt{m^2\theta^2-\gamma^2}} \mp \int \frac{d\varphi}{\sqrt{r^2+1-m^2}} = 0.$$

47. Nous avons supposé jusqu'ici qu'on ait $m^2 < 1$.

Si l'on a au contraire $m^2 > 1$, l'intégrale correspondante peut immédiatement se déduire de l'équation (8).

Comme on a

$$\int \frac{dx}{x^2+a^2} = \frac{1}{a} \operatorname{arctg} \frac{x}{a}, \text{ et } \int \frac{dx}{x^2-A^2} = \frac{1}{2A}\, l\, \frac{x-A}{x+A} \text{ ou } \frac{1}{2A}\, l\, \frac{A-x}{A+x},$$

nous pouvons estimer que pour

$$a = Ai,$$

il vient

$$\frac{1}{a}\operatorname{arctg}\frac{x}{a}=\frac{1}{2A}\,l\,\frac{x-A}{x+A}\ \text{ou}\ \frac{1}{2A}\,l\,\frac{A-x}{A+x}.$$

Si l'on fait donc

$$a=\sqrt{1-m^2}=\sqrt{m^2-1}\,i,\ A=\sqrt{m^2-1},$$

l'équation (8) se remplacera par

$$(8)'\quad V=-\frac{1}{2\sqrt{m^2-1}}\,l\,\frac{z\sqrt{a^2+b^2+1-m^2}-\sqrt{m^2-1}\,R}{z\sqrt{a^2+b^2+1-m^2}+\sqrt{m^2-1}\,R}+\frac{1}{2\sqrt{m^2-1}}$$

$$l\,\frac{m^2(z-\gamma)+\gamma-\sqrt{m^2-1}\,\sqrt{m^2\theta^2-\gamma^2}}{m^2(z-\gamma)+\gamma+\sqrt{m^2-1}\,\sqrt{m^2\theta^2-\gamma^2}}-\int\frac{d\gamma}{\sqrt{m^2\theta^2-\gamma^2}}\pm\int\frac{bda-adb}{(a^2+b^2)\sqrt{a^2+b^2+1-m^2}}=0,$$

supposé qu'on ait

$$z>0,\quad z^2(a^2+b^2+1-m^2)-(m^2-1)\,R^2=(a^2+b^2)\Theta>0,$$

et

$$m^2(z-\gamma)+\gamma>0,\ [m^2(z-\gamma)+\gamma]^2-(m^2-1)(m^2\theta^2-\gamma^2)=m^2\Theta>0,$$

ou bien

$$V=-\frac{1}{\sqrt{m^2-1}}\,l\,\frac{z\sqrt{a^2+b^2+1-m^2}-R\sqrt{m^2-1}}{\sqrt{a^2+b^2}\,\sqrt{\Theta}}+\frac{1}{\sqrt{m^2-1}}\,l\,\frac{m^2(z-\gamma)+\gamma-\sqrt{m^2-1}\sqrt{m^2\theta^2-\gamma^2}}{m\sqrt{\Theta}}$$

$$-\int\frac{d\gamma}{\sqrt{m^2\theta^2-\gamma^2}}\pm\int\frac{bda-adb}{(a^2+b^2)\sqrt{a^2+b^2+1-m^2}}=0,$$

$$V=\frac{1}{\sqrt{m^2-1}}\,l\,\frac{\sqrt{a^2+b^2}}{m}\,\frac{m^2(z-\gamma)+\gamma-\sqrt{m^2-1}\,\sqrt{m^2\theta^2-\gamma^2}}{z\sqrt{a^2+b^2+1-m^2}-R\sqrt{m^2-1}}$$

$$-\int\frac{d\gamma}{\sqrt{m^2\theta^2-\gamma^2}}\pm\int\frac{bda-adb}{(a^2+b^2)\sqrt{a^2+b^2+1-m^2}}=0,$$

par suite, dans tous les cas,

$$(9)\quad V=\frac{1}{\sqrt{m^2-1}}\,l\pm\frac{\sqrt{a^2+b^2}}{m}\,\frac{m^2(z-\gamma)+\gamma-\sqrt{m^2-1}\,\sqrt{m^2\theta^2-\gamma^2}}{z\sqrt{a^2+b^2+1-m^2}-R\sqrt{m^2-1}}$$

$$-\int\frac{d\gamma}{\sqrt{m^2\theta^2-\gamma^2}}\pm\int\frac{bda-adb}{(a^2+b^2)\sqrt{a^2+b^2+1-m^2}}=0,$$

ou

$$\pm\frac{\sqrt{a^2+b^2}}{m}\,\frac{m^2(z-\gamma)+\gamma-\sqrt{m^2-1}\,\sqrt{m^2\theta^2-\gamma^2}}{z\sqrt{a^2+b^2+1-m^2}-\mathrm{R}\sqrt{m^2-1}}-e^{\sqrt{m^2-1}\int\frac{d\gamma}{\sqrt{m^2\theta^2-\gamma^2}}\mp\sqrt{m^2-1}\int\frac{bda-adb}{(a^2+b^2)\sqrt{a^2+b^2+1-m^2}}}=0.$$

48. Le cas particulier de $m^2=1$ échappe à l'analyse précédente. Traitons-le directement. Les équations du problème sont alors

$$z=ax+by,\quad x^2+y^2+(z-\gamma)^2=\theta^2,\quad (adx+bdy-dz)^2=ds^2(a^2+b^2);$$

l'équation différentielle relative aux lignes sphériques est

$$\frac{z(ada+bdb)}{(a^2+b^2)^{\frac{3}{2}}\mathrm{R}}-\frac{\sqrt{a^2+b^2}\,[\theta^2+\gamma(z-\gamma)]dz}{z^2\mathrm{R}}=\mp\frac{bda-adb}{(a^2+b^2)\sqrt{a^2+b^2}}-\frac{\sqrt{\theta^2-\gamma^2}}{z^2}\,dz,$$

elle a pour intégrale

$$\mathrm{V}=\frac{\mathrm{R}}{z\sqrt{a^2+b^2}}-\frac{\sqrt{\theta^2-\gamma^2}}{z}\pm\int\frac{bda-adb}{(a^2+b^2)\sqrt{a^2+b^2}}+\mathrm{K}=0.$$

Et, en déterminant K, on trouve

$$(10)\qquad \mathrm{V}=\frac{\mathrm{R}}{z\sqrt{a^2+b^2}}-\frac{\sqrt{\theta^2-\gamma^2}}{z}-\int\frac{d\gamma}{\sqrt{\theta^2-\gamma^2}}\pm\int\frac{bda-adb}{(a^2+b^2)\sqrt{a^2+b^2}}=0.$$

C'est bien le résultat qui se déduit de l'équation (9), quand on y fait tendre m vers 1.

49. La surface étant déterminée par les équations

$$\mathrm{V}=0,\quad z=ax+by,\quad x^2+y^2+(z-\gamma)^2=\theta^2,\quad b=\mathrm{F}a,\quad \theta=f\gamma,$$

les lignes de courbure planes auront pour équations générales

$$z=ax+by,$$

et l'équation résultant de l'élimination de θ et de γ entre

$$\mathrm{V}=0,\quad x^2+y^2+(z-\gamma)^2=\theta^2,\quad \theta=f\gamma.$$

50. Équation différentielle des lignes de courbure planes. — Nous pouvons obtenir pour les lignes planes une équation différentielle entre z et γ, analogue à l'équation (6), soit en la déduisant de l'intégrale $V = 0$, soit par une recherche directe.

Concevons une équation qui avec $z = ax + by$ détermine les lignes planes, quand on y fait varier a; si l'on en élimine x et y au moyen de $z = ax + by$ et de $x^2 + y^2 + (z-\gamma)^2 = \theta^2$, on aura une équation entre z et γ qui reviendra à l'équation $V = 0$, eu égard à $\theta = f\gamma$.

L'équation différentielle voulue sera en conséquence

$$\frac{dV}{dz}dz + \frac{dV}{d\gamma}d\gamma = 0,$$

c'est-à-dire

$$(11)\quad \left\{ -\frac{\sqrt{a^2+b^2+1-m^2}\left[\theta^2+\gamma(z-\gamma)\right]}{R} + \sqrt{m^2\theta^2-\gamma^2} \right\} \frac{dz}{\theta}$$
$$+ \left\{ \frac{z\sqrt{a^2+b^2+1-m^2}}{R} - \frac{m^2(z-\gamma)+\gamma}{\sqrt{m^2\theta^2-\gamma^2}} \right\} \frac{(z-\gamma)d\gamma + \theta d\theta}{\theta} = 0.$$

51. Pour en faire une recherche directe, considérons que les droites MT, MN, Mθ étant dans un même plan, la première perpendiculaire à la seconde, on a

$$\cos(\theta, T) = \pm \sin(\theta, N),$$

ou

$$xdx + ydy + (z-\gamma)dz = \sqrt{1 - \frac{\gamma^2}{m^2\theta^2}}\,\theta ds,$$

et comme

$$xdx + ydy + (z-\gamma)dz = (z-\gamma)d\gamma + \theta d\theta,$$

c'est

$$[(z-\gamma)d\gamma + \theta d\theta]^2 = \frac{m^2\theta^2-\gamma^2}{m^2}ds^2.$$

Or par les équations

$$adx + bdy = dz,$$

$$xdx + ydy = \theta d\theta - (z-\gamma)(dz - d\gamma),$$

il vient

$$R^2 ds^2 = dz^2 [(a^2+b^2+1)\theta^2 - \gamma^2] + (a^2+b^2)[(z-\gamma)\,d\gamma + \theta d\theta]^2$$
$$-2dz\,[(z-\gamma)\,d\gamma + \theta d\theta][(a^2+b^2+1)(z-\gamma)+\gamma],$$

par suite

$$\frac{(a^2+b^2+1-m^2)\gamma^2 R^2}{(m^2\theta^2-\gamma^2)[(a^2+b^2+1)\theta^2-\gamma^2]^2}[(z-\gamma)d\gamma+\theta d\theta]^2$$
$$= \left\{ dz - \frac{(z-\gamma)\,d\gamma+\theta d\theta}{(a^2+b^2+1)\theta^2-\gamma^2}[(a^2+b^2+1)(z-\gamma)+\gamma] \right\}^2$$

ou

$$(12) \qquad dz - \frac{(a^2+b^2+1)(z-\gamma)+\gamma}{(a^2+b^2+1)\theta^2-\gamma^2}[(z-\gamma)\,d\gamma+\theta d\theta]$$
$$= \mp R\,\frac{\gamma\sqrt{a^2+b^2+1-m^2}}{\sqrt{m^2\theta^2-\gamma^2}\,[(a^2+b^2+1)\theta^2-\gamma^2]}\,[(z-\gamma)\,d\gamma+\theta d\theta].$$

Cette équation revient à la précédente, car on a

$$\frac{-\dfrac{\sqrt{a^2+b^2+1-m^2}\,[\theta^2+\gamma(z-\gamma)]}{R}+\sqrt{m^2\theta^2-\gamma^2}}{\dfrac{\sqrt{m^2\theta^2-\gamma^2}\,[(a^2+b^2+1)\theta^2-\gamma^2]}{\gamma\sqrt{a^2+b^2+1-m^2}}} = \frac{\dfrac{-z\sqrt{a^2+b^2+1-m^2}}{R}+\dfrac{m^2(z-\gamma)+\gamma}{\sqrt{m^2\theta^2-\gamma^2}}}{-R+\dfrac{(a^2+b^2+1)(z-\gamma)+\gamma}{\sqrt{a^2+b^2+1-m^2}}\sqrt{m^2\theta^2-\gamma^2}}.$$

ou

$$\sqrt{a^2+b^2+1-m^2}\,[\theta^2+\gamma(z-\gamma)] - R\sqrt{m^2\theta^2-\gamma^2}$$
$$+\frac{\sqrt{m^2\theta^2-\gamma^2}}{\gamma R}\left\{ z[(a^2+b^2+1)\theta^2-\gamma^2] - [(a^2+b^2+1)(z-\gamma)+\gamma][\theta^2+\gamma(z-\gamma)] \right\}$$
$$+\frac{1}{\gamma\sqrt{a^2+b^2+1-m^2}}\left\{ [(a^2+b^2+1)(z-\gamma+\gamma](m^2\theta-\gamma^2) - [(a^2+b^2+1)\theta^2-\gamma^2][m^2(z-\gamma)+\gamma] \right\} = 0,$$

ou

$$\sqrt{a^2+b^2+1-m^2}\,[\theta^2+\gamma(z-\gamma)] - R\sqrt{m^2\theta^2-\gamma^2} + R\sqrt{m^2\theta^2-\gamma^2} - \sqrt{a^2+b^2+1-m^2}\,[\theta^2+\gamma(z-\gamma)] = 0.$$

52. Des surfaces parallèles à celle que nous venons de considérer. — Changeons dans les équations (1) et (2) z en $z - z_1$ et γ en $\gamma - z_1$ pour que l'origine ne soit plus particulière sur la droite des centres des sphères, z_1 devenant

le z du point commun aux plans des lignes planes ; nous aurons

$$(1)\qquad z - z_1 = ax + by,$$

$$ap + bq + 1 = -m\sqrt{1+p^2+q^2},$$

$$(2)\qquad x^2 + y^2 + (z-\gamma)^2 = \theta^2,$$

$$-px - qy + z - \gamma = \frac{\gamma - z_1}{m}\sqrt{1+p^2+q^2},\quad R = \sqrt{(a^2+b^2)[\theta^2 - (z-\gamma)^2] - (z-z_1)^2},$$

$$(13)\ V = -\frac{1}{\sqrt{1-m^2}}\operatorname{arctg}\frac{(z-z_1)\sqrt{a^2+b^2+1-m^2}}{R\sqrt{1-m^2}} + \frac{1}{\sqrt{1-m^2}}\operatorname{arctg}\frac{m^2(z-\gamma)+\gamma-z_1}{\sqrt{1-m^2}\sqrt{m^2\theta^2-(\gamma-z_1)^2}}$$

$$-\int\frac{d\gamma}{\sqrt{m^2\theta^2-(\gamma-z_1)^2}} \pm \int\frac{bda - adb}{(a^2+b^2)\sqrt{a^2+b^2+1-m^2}} = 0.$$

Pour une surface parallèle

$$\frac{x'-x}{N} = \frac{-p}{\sqrt{1+p^2+q^2}},\quad \frac{y'-y}{N} = \frac{-q}{\sqrt{1+p^2+q^2}},\quad \frac{z'-z}{N} = \frac{1}{\sqrt{1+p^2+q^2}};$$

par suite

$$z' - (z_1 - Nm) = ax' + by',\quad x'^2 + y'^2 + (z'-\gamma)^2 = N^2 + \theta^2 + 2N\frac{\gamma - z_1}{m} = \theta'^2,$$

$$ap + bq + 1 = -m\sqrt{1+p^2+q^2},\quad -px' - qy' + z' - \gamma = \frac{\gamma - (z_1 - Nm)}{m}\sqrt{1+p^2+q^2}.$$

$$(14)\ V' = -\frac{1}{\sqrt{1-m^2}}\operatorname{arctg}\frac{(z'-z_1+Nm)\sqrt{a^2+b^2+1-m^2}}{R'\sqrt{1-m^2}}$$

$$+\frac{1}{\sqrt{1-m^2}}\operatorname{arctg}\frac{m^2(z'-\gamma)+\gamma-(z_1-Nm)}{\sqrt{1-m^2}\sqrt{m^2\theta'^2-[\gamma-(z_1-Nm)]^2}} - \int\frac{d\gamma}{\sqrt{m^2\theta'^2-(\gamma-z_1+Nm)^2}}$$

$$\pm\int\frac{bda - adb}{(a^2+b^2)\sqrt{a^2+b^2+1-m^2}} = 0.$$

$$b = Fa,\quad \theta = f\gamma,\quad \theta'^2 = \theta^2 + N^2 + 2N\frac{\gamma - z_1}{m},$$

$$R' = \sqrt{(a^2+b^2)[\theta'^2 - (z'-\gamma)^2] - [z' - (z_1 - Nm)]^2}.$$

Remarque. — Si dans les équations (1) et (2) qui viennent de nous occuper, on fait tendre γ et m vers zéro, le rapport $\frac{\gamma}{m}$ tendant vers λ, les équations deviendront celles du premier cas, § 33, l'expression (8) de V devient par là

$$V = - \operatorname{arctg} \frac{z\sqrt{a^2+b^2+1}}{R} + \operatorname{arctg} \frac{\lambda}{\sqrt{\theta^2-\lambda^2}} - \int \frac{d\lambda}{\sqrt{\theta^2-\lambda^2}} \pm \int \frac{bda-adb}{(a^2+b^2)\sqrt{a^2+b^2+1}} = 0;$$

c'est l'équation déjà obtenue, $\sqrt{\theta^2 - \lambda^2}$ étant susceptible d'avoir le double signe.

53. Au § 39, nous avons eu à distinguer, outre le cas qui vient de nous occuper, deux circonstances particulières, celle où λ est une constante, et celle où $l = 0$.

1 : soit $\lambda = m$, $c = 0$; pour $l = -1$, nous aurons

$$(15) \quad \left\{ \begin{array}{ll} (1) & \begin{array}{l} ax + by = m, \\ ap + bq = \sqrt{1+p^2+q^2}, \end{array} \end{array} \right. \qquad (2) \quad \begin{array}{l} x^2 + y^2 + (z-\gamma)^2 = \theta^2, \\ -px - qy + z - \gamma = -m\sqrt{1+p^2+q^2}. \end{array}$$

Les deux équations différentielles expriment que l'on a

$$\cos(MN,\ MP) = \frac{1}{\sqrt{a^2+b^2}}, \quad \theta \cos(N,\ 0) = -m.$$

Nous pouvons déduire les équations que nous avons ici de celles qui se rapportent au cas général, et en conclure l'intégrale qui les concerne.

Faisons en effet dans les équations du § 39

$$a = a'k, \quad b = b'k, \quad m = -k, \quad z = z' + m'k, \quad \gamma = \gamma' + m'k;$$

elles deviendront

$$(1) \quad \begin{array}{l} a'x + b'y = \frac{z'}{k} + m', \\ a'p + b'q + \frac{1}{k} = \sqrt{1+p^2+q^2}, \end{array} \qquad (2) \quad \begin{array}{l} x^2 + y^2 + (z'-\gamma')^2 = \theta^2, \\ -pz - qy + z' - \gamma' = \left(\frac{\gamma'}{k} - m'\right)\sqrt{1+p^2+q^2}, \end{array}$$

et de là, pour $k = \infty$,

$$a'x + b'y = m', \qquad x^2 + y^2 + (z' - \gamma')^2 = \theta^2,$$

$$a'p + b'q = \sqrt{1 + p^2 + q^2}, \qquad -px - qy + z' - \gamma' = -m'\sqrt{1 + p^2 + q^2};$$

ce sont là nos équations actuelles.

L'équation différentielle du cas général, relative aux lignes sphériques, devenant par la même transformation

$$\frac{z' + m'k}{R'\sqrt{k^2(a'^2 + b'^2) - 1}}\,\frac{a'da' + b'db'}{a'^2 + b'^2} + \frac{\sqrt{k^2(a'^2 + b'^2 - 1) + 1}\,[\theta^2 + (\gamma' + m'k)(z' - \gamma')]\,dz'}{R'\Theta'}$$

$$= \mp \frac{b'da' - a'db'}{(a'^2 + b'^2)\sqrt{k^2(a'^2 + b'^2 - 1) - 1}} + \frac{\sqrt{k^2\theta^2 - (\gamma' + m'k)^2}}{\Theta'}\,dz',$$

R′ désignant $\sqrt{k^2(a'^2 + b'^2)[\theta^2 - (z' - \gamma')^2] - (z' + m'k)^2}$

et Θ′ l'expression $(k^2 - 1)[\theta^2 - (z' - \gamma')^2] - (z' + m'k)^2$,

donne

$$(16)\quad \frac{m(ada + bdb)}{(a^2 + b^2)\sqrt{a^2 + b^2 - 1}\,R} + \frac{\sqrt{a^2 + b^2 - 1}\,(z - \gamma)m\,dz}{\Theta R} = \mp \frac{bda - adb}{(a^2 + b^2)\sqrt{a^2 + b^2 - 1}} + \frac{\sqrt{\theta^2 - m^2}\,dz}{\Theta}$$

en posant

$$R = \sqrt{(a^2 + b^2)[\theta^2 - (z - \gamma)^2] - m^2}, \qquad \Theta = \theta^2 - (z - \gamma)^2 - m^2,$$

pour l'équation différentielle des lignes sphériques ;

et l'intégrale (9) du § 47, se changeant d'abord en

$$V = l \pm \frac{\sqrt{k^2(a'^2 + b'^2)}}{-k}\,\frac{k^2(z' - \gamma') + \gamma' + m'k - \sqrt{k^2 - 1}\sqrt{k^2\theta^2 - (\gamma' + m'k)^2}}{(z' + m'k)\sqrt{k^2(a'^2 + b'^2) + 1 - k^2} - \sqrt{k^2 - 1}\sqrt{k^2(a'^2 + b'^2)[\theta^2 - (z' - \gamma')^2] - (z' + m'k)^2}}$$

$$- \int \frac{d\gamma' . \sqrt{k^2 - 1}}{\sqrt{k^2\theta^2 - (\gamma' + m'k)^2}} \pm \int \frac{(b'da' - a'db')\sqrt{k^2 - 1}}{(a'^2 + b'^2)\sqrt{k'^2(a'^2 + b'^2) + 1 - k^2}} = 0,$$

il en résulte

$$(17)\quad V = l \pm \frac{\sqrt{a^2 + b^2}\,(z - \gamma - \sqrt{\theta^2 - m^2})}{m\sqrt{a^2 + b^2 - 1} - R} - \int \frac{d\gamma}{\sqrt{\theta^2 - m^2}} \pm \int \frac{bda - adb}{(a^2 + b^2)\sqrt{a^2 + b^2 - 1}} = 0,$$

comme intégrale de l'équation (16).

On aura à y joindre

$$ax + by = m, \ x^2 + y^2 + (z - \gamma)^2 = \theta^2, \quad R = \sqrt{(a^2 + b^2)[\theta^2 - (z - \gamma)^2] - m^2} = \pm (bx - ay).$$
$$b = Fa, \quad \theta = f\gamma,$$

L'équation différentielle des lignes planes sera

soit
$$\frac{\sqrt{\theta^2 - m^2}[(a^2 + b^2)\theta^2 - m^2]}{m\sqrt{a^2 + b^2 - 1}} \left\{ dz - \frac{(a^2 + b^2)(z - \gamma)}{(a^2 + b^2)\theta^2 - m^2}[(z - \gamma)d\gamma + \theta d\theta] \right\} =$$
$$\mp R[(z - \gamma)d\gamma + \theta d\theta],$$

soit
$$\left\{ -\frac{\sqrt{a^2 + b^2 - 1}\, m(z - \gamma)}{R} + \sqrt{\theta^2 - m^2} \right\} \frac{dz}{m^2 - [\theta^2 - (z - \gamma)^2]}$$
$$+ \left\{ \frac{m\sqrt{a^2 + b^2 - 1}}{R} - \frac{z - \gamma}{\sqrt{\theta^2 - m^2}} \right\} \frac{(z - \gamma)d\gamma + \theta d\theta}{m^2 - [\theta^2 - (z - \gamma)^2]} = 0.$$

54. Quand on prend $m = 0$, il vient

$$V = l\sqrt{\frac{\theta - (z - \gamma)}{\theta + z - \gamma}} - \int \frac{d\gamma}{\theta} \pm \int \frac{bda - adb}{(a^2 + b^2)\sqrt{a^2 + b^2 - 1}} = 0,$$

ou

(18) $$\frac{\theta - (z - \gamma)}{\theta + z - \gamma} = e^{2\int \frac{d\gamma}{\theta} \mp 2 \int \frac{bda - adb}{(a^2 + b^2)\sqrt{a^2 + b^2 - 1}}}$$

Si l'on fait alors

$$\frac{a}{b} = -A, \ \frac{1}{b} = l, \text{ d'où } \frac{bda - adb}{b^2} = -dA$$

il vient

$$V = l\sqrt{\frac{\theta - (z - \gamma)}{\theta + z - \gamma}} - \int \frac{d\gamma}{\theta} \mp \int \frac{ldA}{(A^2 + 1)\sqrt{A^2 + 1 - l^2}} = 0,$$

ou

(19) $$\frac{\theta - (z - \gamma)}{\theta + z - \gamma} = e^{2\int \frac{d\gamma}{\theta} \pm 2 \int \frac{ldA}{(A^2 + 1)\sqrt{A^2 + 1 - l^2}}}$$

pour

$$y = Ax \qquad x^2 + y^2 + (z - \gamma)^2 = \theta^2,$$
$$-Ap + q = l\sqrt{1 + p^2 + q^2}, \qquad -px - qy + z - \gamma = 0.$$
$$l = FA, \qquad \theta = f\gamma.$$

On peut considérer

$$e^{\pm 2\int \frac{dA}{(A^2+1)\sqrt{A^2+1-l^2}}}$$

comme constituant une fonction arbitraire de A, ψA ; il s'ensuivra

$$\frac{\theta - (z-\gamma)}{\theta + z - \gamma} = e^{2\int \frac{d\gamma}{\theta}} \psi A,$$

$$(20) \qquad y = Ax, \qquad x^2 + y^2 + (z-\gamma)^2 = \theta^2, \qquad \theta = f\gamma,$$

ou

$$\frac{\theta - (z-\gamma)}{\theta + z - \gamma} = e^{2\int \frac{d\gamma}{\theta}} \psi\left(\frac{y}{x}\right), \qquad x^2 + y^2 + (z-\gamma)^2 = \theta^2, \qquad \theta = f\gamma.$$

55. Les équations (15), quand on passe à une surface parallèle, deviennent

$$ax' + by' = m - N \qquad x'^2 + y'^2 + (z'-\gamma)^2 = \theta^2 + N^2 - 2Nm = \theta'^2$$

$$ap + bq = \sqrt{1+p^2+q^2} \qquad -px' - qy' + z' - \gamma = -(m-N)\sqrt{1+p^2+q^2}.$$

Dans les équations intégrales, il y a donc à remplacer m par $m - N$, et θ^2 par $\theta'^2 = \theta^2 + N^2 - 2Nm$.

En disposant de N, on peut avoir $m - N = 0$. Les surfaces qu'on obtient, quand m varie, sont donc des surfaces parallèles à celle que déterminent les équations (18) ou (20), surface caractérisée par le fait d'être un lieu de lignes de courbure sphériques appartenant à des sphères qui ont leurs centres sur une droite, et sont orthogonales à la surface.

56. Il est aisé de reconnaître géométriquement que, si les lignes de courbure d'une surface sont situées sur des sphères normales à la surface ayant leurs centres sur une droite D, les autres lignes de courbure sont des lignes situées dans des plans passant par cette droite.

Considérons, en effet, une des lignes sphériques et le cône dont cette ligne est une directrice et le centre celui de la sphère qui la contient. Le cône sera tangent à la surface, ses génératrices seront des tangentes aux lignes de courbure du second système à leurs points de rencontre avec la ligne sphérique.

Les tangentes à une ligne du second système aux différents points de cette ligne rencontrent donc la droite D ; cette ligne est donc dans un plan passant par D.

La surface dont il s'agit est encore, d'après cela, une enveloppe de cônes ayant leurs sommets sur la droite D, tels que les caractéristiques sont des courbes orthogonales à leurs génératrices, ou situées sur des sphères ayant les mêmes centres que les cônes. Ces caractéristiques forment un système de lignes de courbure, et les autres sont les enveloppes des génératrices situées pour chacune dans un même plan passant par D.

57. L'équation

$$\frac{\theta-(z-\gamma)}{\theta+z-\gamma}=e^{2\int\frac{d\gamma}{\theta}}\psi\left(\frac{y}{x}\right),$$

sous la forme

$$(21)\qquad \frac{\sqrt{x^2+y^2+(z-\gamma)^2}-(z-\gamma)}{\sqrt{x^2+y^2+(z-\gamma)^2}+z-\gamma}=e^{2\int\frac{d\gamma}{\theta}}\psi\left(\frac{y}{x}\right)$$

est bien celle d'un cône ; en prenant la dérivée par rapport à γ, on trouve, eu égard à l'équation du cône,

$$x^2+y^2+(z-\gamma)^2=f\gamma,$$

de sorte que les intersections successives sont des lignes sphériques.

Cette équation (21) est donc l'équation générale des cônes dont l'enveloppe est une surface ayant les intersections successives de ces cônes pour lignes sphériques, tandis que les lignes de l'autre système sont les sections de la surface par les plans menés suivant la droite qui est le lieu des sommets. Puis les surfaces parallèles à cette surface ont leurs lignes de courbure, les unes planes, les autres sphériques sur des sphères dont les centres appartiennent à une même droite parallèle aux plans des premières.

58. Du cas où $l=0$, par suite $c=0$, $u=0$.

Les équations sont

$$(1)\quad \begin{aligned} ax+by&=0\\ ap+bq&=0, \end{aligned}\qquad (2)\quad \begin{aligned} x^2+y^2+(z-\gamma)^2&=\theta^2\\ -px-qy+z-\gamma&=\lambda\sqrt{1+p^2+q^2}. \end{aligned}$$

Les premières donnent

$$yp - xq = 0, \quad \text{d'où} \quad x^2 + y^2 = \varphi z;$$

la surface est ainsi de révolution autour de l'axe des z. Les parallèles en sont des lignes de courbure sphériques, mais ne sont plus sur des sphères déterminées. Aussi les variables θ et λ se présentent-elles dans les équations (2) comme des fonctions arbitraires de γ.

3e Cas.

CELUI OU LES PLANS DES LIGNES DE COURBURE PLANES SONT PARALLÈLES.

59. Soit l'axe des z perpendiculaire aux plans des lignes de courbure du 1er système nous aurons

$$(1)\quad \begin{aligned} -cz &= u \\ -c &= l\sqrt{1+p^2+q^2} \end{aligned} \qquad (2)\quad \begin{aligned} &(x-\alpha)^2 + (y-\beta)^2 + (z-\gamma)^2 = \theta^2, \\ &-(x-\alpha)p - (y-\beta)q + z - \gamma = \lambda\sqrt{1+p^2+q^2}. \end{aligned}$$

$$(3)\quad c\gamma + u = l\lambda\cdot$$

ou en faisant $c = -1$,

$$(1)\quad \begin{aligned} z &= u, \\ 1 &= l\sqrt{1+p^2+q^2}, \end{aligned} \qquad (2)\quad \begin{aligned} &(x-\alpha)^2 + (y-\beta)^2 + (z-\gamma)^2 = \theta^2, \\ &-(x-\alpha)p - (y-\beta)q + z - \gamma = \lambda\sqrt{1+p^2+q^2}, \end{aligned}$$

$$(3)\quad -\gamma + u = l\lambda.$$

On tire de cette dernière

$$-\gamma' = l\lambda'$$

d'où, soit

$$l = -m, \qquad \gamma = m\lambda + m_1, \qquad u = m_1;$$

de là un plan seulement, circonstance à écarter,

$$\text{soit} \quad \lambda' = 0,$$

ce qui amène

$$\lambda = m, \qquad \gamma = 0, \qquad u = ml,$$

en disposant de l'origine,

et ainsi les équations

$$(1)\quad \begin{aligned} z &= ml, \\ 1 &= l\sqrt{1+p^2+q^2}, \end{aligned} \qquad (2)\quad \begin{aligned} &(x-\alpha)^2+(y-\beta)^2+z^2=\theta^2, \\ &-(x-\alpha)p-(y-\beta)q+z=m\sqrt{1+p^2+q^2}. \end{aligned}$$

60. Les équations (1) sont ici un cas particulier de celles du § II, ch. I. La surface est donc le lieu d'une ligne plane dont le plan roule sur un cylindre. Les lignes décrites par les points de cette ligne sont les lignes de courbure du premier système. Celles du second étant les positions mêmes de la ligne mobile, il faut que la ligne soit ici un cercle, pour qu'elles soient sphériques. La surface est donc le lieu d'un cercle dont le plan roule sur un cylindre, c'est en conséquence une surface canal, enveloppe d'une sphère d'un rayon fixe, quand le centre parcourt une ligne plane quelconque.

Dans les équations (2), θ et β se présentent comme des fonctions arbitraires de α, tandis que l'intégration des équations (3) ne peut donner lieu qu'à une seule fonction arbitraire. Nous pouvons en conséquence disposer de θ. Prenons-le égal à une constante m. Nous aurons d'une part l'équation différentielle,

$$1=\frac{z}{m}\sqrt{1+p^2+q^2},$$

de l'autre

$$-(x-\alpha)p-(y-\beta)q+z=m\sqrt{1+p^2+q^2}.$$

L'une et l'autre, elles accusent une surface canal dont la sphère génératrice est d'un rayon égal à m, et a son centre sur la ligne déterminée dans le plan xy par la relation établie entre α et β,

$$\beta=f\alpha.$$

Considérons en effet cette surface : l'équation de la sphère mobile étant

$$(x-\alpha)^2+(y-\beta)^2+z^2=m^2,$$

comme la normale à la surface passe au centre de la sphère, on a

$$\frac{x-\alpha}{p}=\frac{y-\beta}{q}=\frac{z}{1}=\frac{m}{\sqrt{1+p^2+q^2}}=\frac{-p(x-\alpha)-q(y-\beta)+z}{p^2+q^2+1},$$

c'est-à-dire

$$1=\frac{z}{m}\sqrt{1+p^2+q^2},$$

et

$$-p(x-\alpha)-q(y-\beta)+z=m\sqrt{1+p^2+q^2}.$$

Cherchons directement, d'après les équations (1) et (2), ce que sont les lignes de courbure des deux systèmes.

61. Lignes du premier. — Nous avons à leur égard

$$dz=0,$$

ou

$$pdx+qdy=0,$$

$$p(x-\alpha)+q(y-\beta)-z+\frac{m^2}{z}=0,$$

d'où

$$p=-\frac{\left(z-\frac{m^2}{z}\right)dy}{(y-\beta)dx-(x-\alpha)dy},\quad q=-\frac{\left(z-\frac{m^2}{z}\right)dx}{(y-\beta)dx-(x-\alpha)dy},$$

et en substituant dans

$$1=\frac{z}{m}\sqrt{1+p^2+q^2},$$

$$\frac{m^2}{z^2}-1=\frac{\left(z-\frac{m^2}{z}\right)^2(dx^2+dy^2)}{[(y-\beta)dx-(z-\alpha)dy]^2},$$

ou

$$[(y-\beta)^2+z^2-m^2]dx^2+[(x-\alpha)^2+z^2-m^2]dy^2-2(x-\alpha)(y-\beta)dxdy=0,$$

c'est-à-dire

$$(x-\alpha)dx+(y-\beta)dy=0,$$

et comme l'on a

$$(x-\alpha)(dx-d\alpha)+(y-\beta)(dy-d\beta)=0,$$

il s'y joint

$$(x-\alpha)d\alpha+(y-\beta)d\beta=0,$$

équations qui indiquent que la projection sur le plan xy de toute ligne du premier système a le point (xy) sur la normale au lieu du centre de la sphère menée par le point correspondant (α, β), et que la tangente à cette projection en le point (xy) est perpendiculaire à la normale. La projection est donc une développante de la développée du lieu des centres.

Lignes de courbure du second système. — D'après les équations

$$(x-\alpha)^2+(y-\beta)^2+z^2=m^2,$$
$$-(x-\alpha)p-(y-\beta)q+z=m\sqrt{1+p^2+q^2},$$

la sphère que représente la première est tangente à la surface, celle-ci est en conséquence l'enveloppe de la sphère quand le centre parcourt la ligne (α, β). Les intersections successives sont les positions du grand cercle normal à la directrice du centre ; ce sont les lignes de courbure sphériques.

4ᵉ Cas.

62. Ce cas est celui où l'on a

$$Aa+Bb+Cc=0,$$
$$A_1\alpha+B_1\beta+C_1\gamma+D_1=0,$$

sauf à y distinguer à part les circonstances particulières de $l=0$ et de $\lambda=m$.

Nous avons là

$$Aa+Bb+Cc=0,$$
$$Aa'+Bb'+Cc'=0,$$

d'où

$$\frac{A}{bc'-cb'}=\frac{B}{ca'-ac'}=\frac{C}{ab'-ba'};$$

de même

$$A_1\alpha'+B_1\beta'+C_1\gamma'=0,$$
$$A_1\alpha''+B_1\beta''+C_1\gamma''=0,$$

d'où

$$\frac{A_1}{\beta'\gamma''-\gamma'\beta''}=\frac{B_1}{\gamma'\alpha''-\alpha'\gamma''}=\frac{C_1}{\alpha'\beta''-\beta'\alpha''},$$

Mais nous avons § 31,

$$(al'-la')\alpha'+(bl'-b'l)\beta'+(cl'-c'l)\gamma'=0,$$
$$(al'-la')\alpha''+(bl'-b'l)\beta''+(cl'-c'l)\gamma''=0,$$

d'où

$$\frac{al'-la'}{\beta'\gamma''-\gamma'\beta''}=\frac{bl'-b'l}{\gamma'\alpha''-\alpha'\gamma''}=\frac{cl'-c'l}{\alpha'\beta''-\beta'\alpha''},$$

il s'ensuit

$$\frac{al'-la'}{A_1}=\frac{bl'-b'l}{B_1}=\frac{cl'-c'l}{C_1}=\frac{l(ab'-ba')}{A_1b-B_1a}=\frac{l(bc'-cb')}{B_1c-C_1b}=\frac{l(ca'-ac')}{C_1a-A_1c},$$

par conséquent

$$\frac{C}{A_1b-B_1a}=\frac{A}{B_1c-C_1b}=\frac{B}{C_1a-A_1c}=\frac{AA_1+BB_1+CC_1}{0},$$

donc

$$AA_1+BB_1+CC_1=0,$$

c'est-à-dire que le plan sur lequel sont les centres des sphères est parallèle à la droite à laquelle sont parallèles les plans des lignes de la première série.

Nous pouvons en conséquence prendre pour plan des xz celui des centres des sphères, et pour axe des z une parallèle aux plans des lignes du premier système.

De la sorte, il vient

$$c=0, \qquad \beta=0,$$

$$(1)\quad \begin{cases} -ax-by=u, \\ ap+bq=l\sqrt{1+p^2+q^2}, \end{cases} \qquad (2)\quad \begin{cases} (x-\alpha)^2+y^2+(z-\gamma)^2=\theta^2, \\ -(x-\alpha)p-yq+z-\gamma=\lambda\sqrt{1+p^2+q^2}, \end{cases}$$

$$(3)\qquad a\alpha+u=l\lambda.$$

De l'équation (3) on tire

$$a\alpha'=l\lambda',$$
$$a=l\frac{\lambda'}{\alpha'},$$

α' étant différent de zéro, à moins de rentrer dans le second cas.

De là

Soit $\quad l=0,\quad a=0,\quad u=0,$

Soit $\quad \lambda'=0,\quad \lambda=m,\quad a=0,\quad u=ml,$

Soit $\quad \frac{\lambda'}{\alpha'}=m,\quad \lambda=m\alpha+m_1,$

ou en disposant de l'origine, m supposé $\gtrless o$, $\lambda = m\,\alpha$,

$$a = ml,$$
$$u = 0.$$

La première hypothèse donnant

$$by = 0,$$

ne peut concerner qu'un plan, elle est donc à rejeter.

63. Occupons-nous d'abord de la troisième hypothèse. En posant $l = 1$, les équations sont alors

$$(1)\quad \begin{cases} mx + by = 0, \\ mp + bq = \sqrt{1+p^2+q^2} \end{cases} \qquad (2)\quad \begin{cases} (x-\alpha)^2 + y^2 + (z-\gamma)^2 = \theta^2, \\ -(x-\alpha)p - yq + z - \gamma) = m\alpha\sqrt{1+p^2+q^2}. \end{cases}$$

Les plans des premières lignes passent donc par l'axe des z, c'est-à-dire par une droite située dans le plan des centres des sphères.

Dans les équations (2), α, γ, θ restent indéterminées. On peut établir entre ces quantités une première relation arbitraire, sans que la surface en dépende.

Si l'on prend $\theta = m\alpha$, la seconde équation (2) donnant $\cos(\mathrm{N}, \theta) = 1$, toute sphère donnée par la première équation (2) est tangente à la surface, qui est par conséquent une enveloppe de sphères. Les intersections successives sont des cercles qui forment une série de lignes de courbure sphériques, mais non situées sur des sphères déterminées. Une relation quelconque pouvant d'ailleurs s'établir entre α et γ, on voit que la surface est l'enveloppe d'une sphère dont le centre décrit une ligne qui peut être prise à volonté, dans le plan xz, tandis que le rayon en est proportionnel à la distance du centre à une droite fixe du plan, qui est notre axe des z.

Il nous est aisé de voir que dans une surface ainsi définie, les lignes de courbure autres que les caractéristiques sont dans des plans passant par la droite fixe.

L'équation de la sphère mobile étant en effet

$$(x-\alpha)^2 + y^2 + (z-\gamma)^2 = m^2\alpha^2,$$

on a pour la caractéristique

$$(x-\alpha)\,d\alpha + (z-\gamma)\,d\gamma + m^2\alpha\,d\alpha = 0.$$

Les tangentes aux lignes de courbure du premier système le long de cette ligne seront les génératrices d'un cône de révolution ayant son sommet sur le plan xz; si X, Z sont les coordonnées de ce sommet, on aura pour équation du plan du cercle

$$(x-\alpha)(X-\alpha)+(z-\gamma)(Z-\gamma)=m^2\alpha^2.$$

Il vient en conséquence

$$\frac{X-\alpha}{d\alpha}=\frac{Z-\gamma}{d\gamma}=\frac{-\alpha}{d\alpha};$$

d'où

$$X=0.$$

Les tangentes aux lignes du premier système coupent donc toutes l'axe des z; ces lignes sont donc dans des plans passant par cet axe.

Inversement (voir, page 263, la théorie nouvelle des lignes à double courbure par M. Paul Serret), si dans une surface les lignes de courbure d'une série sont planes, et les autres circulaires, les plans des premières concourent suivant une droite, et les secondes sont les intersections successives d'une sphère dont le centre se meut dans un plan passant par la droite, et dont le rayon est proportionnel à la distance de ce centre à la droite.

Soit donnée la relation $F(\alpha, \gamma)=0$; l'équation de la surface s'obtiendra par l'élimination de α et de γ entre cette équation et les équations

$$(x-\alpha)^2+y^2+(z-\gamma)^2=m^2\alpha^2,$$
$$(x-\alpha)\,d\alpha+(z-\gamma)\,d\gamma+m^2\alpha\,d\alpha=0.$$

64. Nous pouvons, au lieu de considérer les sphères inscrites à la surface le long des lignes circulaires, supposer ces lignes sur des sphères qui aient leurs centres sur l'axe des z. Les équations sont alors

$$mx+by=0, \qquad x^2+y^2+(z-\gamma)^2=\theta^2,$$
$$mp+bq=\sqrt{1+p^2+q^2}, \qquad -px-qy+z-\gamma=0.$$

Nous avons bien là des sphères orthogonales à la surface, comme l'indiquent les considérations qui précèdent.

Ces équations, d'après le § 54, donnent l'intégrale

$$V=\frac{\theta-(z-\gamma)}{\theta+z-\gamma}-e^{2\int\frac{d\gamma}{\theta}\pm 2\int\frac{m\,db}{(m^2+b^2)\sqrt{m^2+b^2-1}}}=0,$$

y compris les relations

$$mx + by = 0, \quad x^2 + y^2 + (z - \gamma)^2 = \theta^2, \quad \theta = f\gamma.$$

On déduit de là, au lieu de $V = 0$, quand on prend le signe supérieur

$$\frac{\theta - (z - \gamma)}{\theta + z - \gamma} \frac{m^2 + b^2 - m - b\sqrt{m^2 + b^2 - 1}}{m^2 + b^2 + m - b\sqrt{m^2 + b^2 - 1}} = e^{2\int \frac{d\gamma}{\theta}},$$

$$\left[(m^2 + b^2 - m)\,[\theta - (z - \gamma)]e^{-\int \frac{d\gamma}{\theta}} - (m^2 + b^2 + m)\,[\theta + z - \gamma]e^{\int \frac{d\gamma}{\theta}}\right]^2 = b^2(m^2 + b^2 - 1)$$
$$\left\{[\theta - (z - \gamma)]\,e^{-\int \frac{d\gamma}{\theta}} - (\theta + z - \gamma)\,e^{\int \frac{d\gamma}{\theta}}\right\}^2,$$

$$(m - 1)\,[\theta - (z - \gamma)]\,e^{-\int \frac{d\gamma}{\theta}} - (m + 1)(\theta + z - \gamma)\,e^{\int \frac{d\gamma}{\theta}} = \mp \frac{2b}{\sqrt{m^2 + b^2}} \sqrt{\theta^2 - (z - \gamma)^2} = \mp 2x.$$

Quand on prend le signe inférieur, on trouve

$$(m + 1)\,[\theta - (z - \gamma)]\,e^{-\int \frac{d\gamma}{\theta}} - (m - 1)\,\theta + (z - \gamma)\,e^{\int \frac{d\gamma}{\theta}} = \pm 2x,$$

m se changeant en $-m$.

L'une ou l'autre de ces équations, avec $(x^2 + y^2 + (z - \gamma)^2 = \theta^2$, détermine une ligne de courbure sphérique. Cette ligne est donc plane, par suite un cercle, résultat qui s'accorde avec ce qui précède.

65. Du cas où l'on a

$$\lambda = m, \quad a = o, \quad u = ml.$$

Qu'on prenne alors $l = -1$, il vient

$$(1)\quad \begin{cases} by = m \\ bq = -\sqrt{1 + p^2 + q^2}, \end{cases} \qquad (2)\quad \begin{cases} (x - \alpha)^2 + y^2 + (z - \gamma)^2 = \theta^2, \\ -p(x - \alpha) - qy + z - \gamma = m\sqrt{1 + p^2 + q^2}. \end{cases}$$

Nous avons là α et θ comme fonctions arbitraires de γ. Disposons de α, en le faisant égal à zéro ; les équations seront

$$\begin{aligned} by &= m, & x^2 + y^2 + (z - \gamma)^2 &= \theta^2, \\ bq &= -\sqrt{1 + p^2 + q^2}, & -px - qy + z - \gamma &= m\sqrt{1 + p^2 + q^2}; \end{aligned}$$

elles rentrent dans celles du § 53, quand on y fait $a = 0$.

En conséquence,

$$V = l \pm \frac{b(z-\gamma-\sqrt{\theta^2-m^2})}{m\sqrt{b^2-1-\sqrt{b^2[\theta^2-(z-\gamma)^2]-m^2}}} - \int \frac{d\gamma}{\sqrt{\theta^2-m^2}} = 0,$$

$$by = m, \qquad x^2+y^2+(z-\gamma)^2 = \theta^2, \qquad \theta = f\gamma.$$

on en déduit

$$\frac{z-\gamma-\sqrt{\theta^2-m^2}}{\sqrt{m^2-y^2} \mp x} = e^{\int \frac{d\gamma}{\sqrt{\theta^2-m^2}}},$$

ou

$$(z-\gamma-\sqrt{\theta^2-m^2})^2 \pm 2x(z-\gamma-\sqrt{\theta^2-m^2})\, e^{\int \frac{d\gamma}{\sqrt{\theta^2-m^2}}} - [(z-\gamma)^2-(\theta^2-m^2)]\, e^{2\int \frac{d\gamma}{\sqrt{\theta^2-m^2}}} = 0,$$

$$(z-\gamma-\sqrt{\theta^2-m^2})\, e^{-\int \frac{d\gamma}{\sqrt{\theta^2-m^2}}} - (z-\gamma+\sqrt{\theta^2-m^2})\, e^{\int \frac{d\gamma}{\sqrt{\theta^2-m^2}}} \pm 2x = 0,$$

équation d'un plan, quand θ et γ sont constants. Les lignes sphériques sont donc des cercles dans des plans parallèles à l'axe des y, tandis que les plans des autres lignes sont perpendiculaires à cet axe.

Au reste, du moment que les lignes de la première série sont dans des plans parallèles, on sait que les autres sont les positions d'une même ligne plane dont le plan roule sur un cylindre, la surface est donc ici le lieu d'un cercle dont le plan roule sur un cylindre parallèle à l'axe des y. C'est une surface canal dont la directrice sera une ligne quelconque dans le plan xz. En prenant $\theta = m$, la première des équations (2) sera celle de la sphère dont la surface est l'enveloppe. Le cas actuel n'est donc pas différent de celui qui nous a occupés § 60 et 61 ; les équations elles-mêmes accusent le fait.

CHAPITRE III

Surfaces dont les lignes de courbure sont toutes sphériques.

66. Soit

$$(x-a)^2+(y-b)^2+(z-c)^2 = a^2+b^2+2u = r^2,$$

l'équation générale de la sphère à laquelle appartient une ligne de courbure du premier système. La sphère coupant la surface sous un même angle le long de la ligne, on aura l'équation

$$-p(x-a)-q(y-b)+z-c=l\sqrt{1+p^2+q^2},$$

l étant une constante pour une même ligne de courbure, mais variable d'une ligne à une autre dans le système.

On aura de même pour la sphère contenant une ligne de courbure de la seconde série

$$(x-\alpha)^2+(y-\beta)^2+(z-\gamma)^2=\alpha^2+\beta^2+\gamma^2+2\upsilon=\theta^2,$$

avec l'équation

$$-p(x-\alpha)-q(y-\beta)+z-\gamma=\lambda\sqrt{1+p^2+q^2},$$

λ étant une constante pour la même ligne, et variant d'une ligne à une autre.

Si en un point M de la surface, la normale se désigne par MN, les rayons des deux sphères qui contiennent les deux lignes de courbure par MI et MI', les deux plans IMN, I'MN seront perpendiculaires entre eux; il s'ensuivra donc

$$\cos(r,\theta)=\cos(r,\mathrm{N})\,.\,\cos(\theta,\ \mathrm{N})\ (^*);$$

ou à cause de

$$\cos(r,\mathrm{N})=\frac{l}{r},\ \cos(\theta,\mathrm{N})=\frac{\lambda}{\theta},\quad \cos(r,\theta)=\frac{(x-a)(x-\alpha)+(y-b)(y-\beta)+(z-c)(z-\gamma)}{r\theta},$$

$$(x-a)(x-\alpha)+(y-b)(y-\beta)+(z-c)(z-\gamma)=l\lambda;$$

ce qui, vu qu'on a

$$u+\upsilon=x^2+y^2+z^2-(a+\alpha)x-(b+\beta)y-(c+\gamma)z,$$

se réduit à

$$a\alpha+b\beta+c\gamma+u+\upsilon=l\lambda.$$

D'après cela, les équations relatives aux deux systèmes de lignes de courbure, et par suite à la surface, sont

$$(1)\qquad \begin{cases}(x-a)^2+(y-b)^2+(z-c)^2=r^2=a^2+b^2+c^2+2u,\\ -p(x-a)-q(y-b)+z-c=l\sqrt{1+p^2-q^2},\end{cases}$$

$$(2)\qquad \begin{cases}(x-\alpha)^2+(y-\beta)^2+(z-\gamma)^2=\theta^2=\alpha^2+\beta^2+\gamma^2+2\upsilon,\\ -p(x-\alpha)-q(y-\beta)+z-\gamma=\lambda\sqrt{1+p^2+q^2},\end{cases}$$

$$(3)\qquad a\alpha+b\beta+c\gamma+u+\upsilon=l\lambda.$$

(*) Cette formule comprend celles des §§ 5 et 30; c'est la forme sous laquelle est produite l'équation (3) dans l'étude géométrique due à M. Picart (thèse chez M. Bachelier, 1863).

Les équations (1), quand a, b, c, l, r varient comme fonctions d'une même indéterminée t, déterminent une surface dont les intersections par des sphères successives sont des lignes de courbure. Il en est de même des équations (2). Si l'équation (3) est satisfaite, en même temps que ces équations (1) et (2) pour une même surface, les deux séries de lignes se coupent à angle droit, elles sont donc distinctes les unes des autres, et constituent les deux systèmes de lignes de courbure de la surface. — Alors en conséquence, les équations (1) résultent des équations (2) et vice versâ.

DISCUSSION GÉNÉRALE.

67. Considérons a, b, c, l, u comme dépendant d'une même variable t, et α, β, γ, λ, υ comme dépendant d'une autre variable τ indépendante de la première.

En différentiant l'équation (3) par rapport à τ, on a

$$a\alpha' + b\beta' + c\gamma' + \upsilon' = l\lambda',$$

et par l'élimination de l entre (3) et cette équation

$$a(\alpha\lambda' - \alpha'\lambda) + b(\beta\lambda' - \beta'\lambda) + c(\gamma\lambda' - \gamma'\lambda) + \lambda' u + \lambda'\upsilon - \lambda\upsilon' = 0.$$

D'où l'on tire, en différentiant par rapport à t,

$$a'(\alpha\lambda' - \alpha'\lambda) + b'(\beta\lambda' - \beta'\lambda) + c'(\gamma\lambda' - \gamma'\lambda) + \lambda' u' = 0,$$

et de là

$$a'(\alpha\lambda'' - \alpha''\lambda) + b'(\beta\lambda'' - \beta''\lambda) + c'(\gamma\lambda'' - \gamma''\lambda) + \lambda'' u' = 0,$$

puis

$$a'(\lambda'\alpha'' - \lambda''\alpha')\lambda + b'(\lambda'\beta'' - \lambda''\beta')\lambda + c'(\lambda'\gamma'' - \lambda''\gamma')\lambda = 0,$$

ce qui donne, soit

$$\lambda = 0,$$

soit

$$a'(\lambda'\alpha'' - \lambda''\alpha') + b'(\lambda'\beta'' - \beta'\lambda'') + c'(\lambda'\gamma'' - \gamma'\lambda'') = 0.$$

Dans ce dernier cas, on aura à la fois

$$a'(\lambda'\alpha''-\alpha'\lambda'')+b'(\lambda'\beta''-\beta'\lambda'')+c'(\lambda'\gamma''-\gamma'\lambda'')=0,$$
$$a''(\lambda'\alpha''-\alpha'\lambda'')+(b''\lambda'\beta''-\beta'\lambda'')+c''(\lambda'\gamma''-\gamma'\lambda'')=0,$$
$$a'''(\lambda'\alpha''-\alpha'\lambda'')+b'''(\lambda'\beta''-\beta'\lambda'')+c'''(\lambda'\gamma''-\gamma'\lambda'')=0,$$

ce qui donnera

$$\begin{vmatrix} a', & b', & c' \\ a'', & b'', & c'' \\ a''', & b''', & c''' \end{vmatrix}=0,$$

et par suite $Aa+Bb+Cc+D=o$, de sorte que les centres des premières sphères seront sur un même plan, à moins d'avoir à la fois

$$\lambda'\alpha''-\alpha'\lambda''=0,\qquad \lambda'\beta''-\beta'\lambda''=0,\qquad \lambda'\gamma''-\gamma'\lambda''=0.$$

Dans ce dernier cas, ou bien

$$\alpha'=0\qquad \beta'=0,\qquad \gamma'=0,$$

c'est-à-dire α, β, γ constants; ou bien

$$\lambda'=0,$$

donc

$$\lambda=m;$$

ou bien

$$\frac{\lambda''}{\lambda'}=\frac{\alpha''}{\alpha'}=\frac{\beta''}{\beta'}=\frac{\gamma''}{\gamma'},$$

ce qui amène

$$\alpha=m\gamma+m_1,\quad \beta=n\gamma+n_1;$$

de sorte que les centres des sphères de la seconde série sont sur une droite.

Au cas de $\lambda'=0$, on a

$$a\alpha'+b\beta'+c\gamma'+\upsilon'=0,$$

d'où

$$a'\alpha'+b'\beta'+c'\gamma'=0,$$
$$a''\alpha'+b''\beta'+c''\gamma'=0,$$
$$a'''\alpha'+b'''\beta'+c'''\gamma'=0,$$

et de là

$$\begin{vmatrix} a' & b' & c' \\ a'' & b'' & c'' \\ a''' & b''' & c''' \end{vmatrix}=0,\qquad Aa+Bb+Cc+D=0,$$

les centres des premières sphères sont sur un même plan.

On a en même temps

$$a'\alpha' + b'\beta' + c'\gamma' = 0,$$
$$a'\alpha'' + b'\beta'' + c'\gamma'' = 0,$$
$$a'\alpha''' + b'\beta''' + c'\gamma''' = 0,$$

d'où, si a, b, c ne sont pas constants,

$$\begin{vmatrix} \alpha' & \beta' & \gamma' \\ \alpha'' & \beta'' & \gamma'' \\ \alpha''' & \beta''' & \gamma''' \end{vmatrix} = 0,$$

puis $A_1\alpha + B_1\beta + c_1\gamma + D_1 = 0$; les centres des secondes sphères sont également sur un même plan.

Nous avons précédemment écarté le cas de $\lambda = 0$; alors on a $\lambda' = 0$, et ce qu'on vient de voir est applicable.

Concluons de là que les centres des sphères d'une série sont situés sur un même plan, quand les sphères de l'autre série ne sont pas concentriques, ou n'ont pas leurs centres sur une même droite.

68. Si les sphères d'aucune série ne sont concentriques, ou n'ont leurs centres sur une droite, les centres des sphères de chacune d'elles sont donc sur un même plan.

Alors les deux plans de centres sont perpendiculaires entre eux.

En effet, si l'on a

$$Aa + Bb + Cc + D = 0,$$

il s'ensuit

$$Aa' + Bb' + Cc' = 0,$$
$$Aa'' + Bb'' + Cc'' = 0,$$

d'où

$$\frac{A}{b'c'' - c'b''} = \frac{B}{c'a'' - a'c''} = \frac{C}{a'b'' - b'a''}.$$

Mais les équations

$$a'(\lambda'\alpha'' - \alpha\lambda'') + b'(\lambda'\beta'' - \beta'\lambda'') + c'(\lambda'\gamma'' - \gamma'\lambda'') = 0,$$
$$a''(\lambda'\alpha'' - \alpha'\lambda'') + b''(\lambda'\beta'' - \beta'\lambda'') + c''(\lambda'\gamma'' - \gamma'\lambda'') = 0,$$

donnent

$$\frac{\lambda'\alpha'' - \alpha'\lambda''}{b'c'' - c'b''} = \frac{\lambda'\beta'' - \beta'\lambda''}{c'a'' - a'c''} = \frac{\lambda'\gamma'' - \gamma\lambda''}{a'b'' - b'a''}.$$

D'où l'on a

$$\frac{\lambda'\alpha''-\alpha'\lambda''}{A}=\frac{\lambda'\beta''-\beta'\lambda''}{B}=\frac{\lambda'\gamma''-\gamma'\lambda''}{C}=\frac{\lambda'(\beta'\alpha''-\alpha'\beta'')}{\beta'A-\alpha'B}=\frac{\lambda'(\gamma'\beta''-\beta'\gamma'')}{\gamma'B-\beta'C},$$

De là, si l'on a

$$\lambda' \gtrless 0,$$

$$(\beta'\alpha''-\alpha'\beta'')(\gamma'B-\beta'C)=(\gamma'\beta''-\beta'\gamma'')(\beta'A-\alpha'B);$$

d'où

$$\text{vu qu'on peut supposer}\quad \beta' \gtrless 0,$$

$$A(\gamma'\beta''-\beta'\gamma'')+B(\alpha'\gamma''-\gamma'\alpha'')+C(\beta'\alpha''-\alpha'\beta'')=0.$$

Mais la relation

$$A_1\alpha+B_1\beta+C_1\gamma+D_1=0,$$

donnant

$$A_1\alpha'+B_1\beta'+C_1\gamma'=0,$$
$$A_1\alpha''+B_1\beta''+C_1\gamma''=0,$$

puis

$$\frac{A_1}{\beta'\gamma''-\gamma'\beta''}=\frac{B_1}{\gamma'\alpha''-\alpha'\gamma''}=\frac{C_1}{\alpha'\beta''-\beta'\alpha''},$$

il s'ensuit

$$AA_1+BB_1+CC_1=0;$$

les plans de centres sont donc perpendiculaires entre eux.

Au cas de $\lambda'=0$, il viendra

$$a'\alpha'+b'\beta'+c'\gamma'=0 \quad \text{et} \quad a''\alpha'+b''\beta'+c''\gamma'=0,$$
$$a'\alpha''+b'\beta''+c'\gamma''=0,$$

d'où

$$\frac{a'}{\beta'\gamma''-\gamma'\beta''}=\frac{b'}{\gamma'\alpha''-\alpha'\gamma''}=\frac{c'}{\alpha'\beta''-\beta'\alpha''}= \quad \text{et} \quad \frac{\alpha'}{b'c''-c'b''}=\frac{\beta'}{c'a''-c'c''}=\frac{\gamma'}{a'b''-b'a''},$$

et comme l'on aura

$$\frac{A_1}{\beta'\gamma''-\gamma'\beta''}=\frac{B_1}{\gamma'\alpha''-\alpha'\gamma''}=\frac{C_1}{\alpha'\beta''-\beta'\alpha''} \quad \text{et} \quad \frac{A}{b'c''-c'b''}=\frac{B}{c'a''-\beta'a''}=\frac{C}{a'b''-b'a''},$$

il s'ensuivra

$$\frac{A_1}{a'}=\frac{B_1}{b'}=\frac{C_1}{c'},\quad \frac{A}{\alpha'}=\frac{B}{\beta'}=\frac{C}{\gamma'},$$

puis

$$AA_1 + BB_1 + CC_1 = 0,$$

comme ci-dessus.

Examinons à part le cas où les sphères d'un système sont concentriques et celui où leurs centres sont sur une droite.

69. Les sphères (1) concentriques. — Alors l'équation (3) donne

$$u' = l'\lambda,$$

ce qui exige

soit $l' = 0$, d'où $u' = 0$,

soit $\lambda = m$, d'où $u = lm + m_1$ et $a\alpha + b\beta + c\gamma + \upsilon + m_1 = 0$.

Si $u = m_1$ et $l = n_1$, les premières sphères se réduisent à une seule, la surface est cette sphère même, circonstance à rejeter.

Dans l'autre cas, l'équation générale des secondes sphères devient

$$x^2 + y^2 + z^2 - 2\alpha(x - a) - 2\beta(y - b) - 2\gamma(z - c) + 2m_1 = 0,$$

celle des premières

$$x^2 + y^2 + z^2 - 2ax - 2by - 2cz = 2(lm + m_1).$$

La surface est ainsi déterminée, d'un côté par

$$(1) \qquad \begin{aligned} &x^2 + y^2 + z^2 - 2ax - 2by - 2cz = 2(lm + m_1), \\ &-p(x - a) - q(y - b) + z - c = l\sqrt{1 + p^2 + q^2}; \end{aligned}$$

de l'autre par

$$(2) \qquad \begin{aligned} &x^2 + y^2 + z^2 - 2\alpha(x - a) - 2\beta(y - b) - 2\gamma(z - c) + 2m_1 = 0, \\ &-p(x - \alpha) - q(y - \beta) + z - \gamma = \lambda\sqrt{1 + p^2 + q^2}. \end{aligned}$$

L'élimination de l entre les équations (1) donne une équation déterminée aux dérivées partielles dont l'intégration amènerait une fonction arbitraire. Mais dans les équations (2) il y a quatre indéterminées, α, β, γ, λ; pour en déduire par l'élimination une pareille équation, trois relations seraient à établir au préalable entre ces quantités. Si l'on y fait tendre α vers l'infini, il s'ensuivra

$$\alpha_1(x - a) + \beta_1(y - b) + \gamma_1(z - c) = 0,$$

ce qui indique que les lignes de courbure du second système sont planes, et que leurs plans passent au centre commun des sphères du premier système.

C'est en effet un théorème dû à M. Picart, que si les lignes de courbure d'un système sont situées sur des sphères concentriques, les autres lignes sont dans des plans passant par le centre commun et normaux à la surface. Soit considérée la surface développable orthogonale à la surface le long d'une ligne de courbure du second système ; cette surface est l'enveloppe de plans normaux aux premières lignes, qui passent par conséquent au centre commun des sphères. Il s'ensuit que c'est un plan ou un cône. Dans la dernière hypothèse, la ligne de courbure orthogonale aux génératrices serait une sphère concentrique au cône ; par suite, les premières lignes de courbure seraient sur la même sphère, la surface ne serait autre chose que cette sphère. C'est ainsi une hypothèse à écarter. Donc les lignes du second système sont toutes planes, et leurs plans passent au centre commun des sphères.

On rentre là dans le premier cas examiné au chapitre II. Les lignes de courbure étant toutes sphériques, la surface n'est autre chose que le lieu d'un cercle dont le plan roule tangentiellement à un cône.

70. 2° Les centres des sphères d'une série situés sur une droite. — Prenons la droite pour axe des z, ce qui donne $\alpha = 0$, $\beta = 0$, la relation (3) devenant

$$c\gamma + u + v = l\lambda,$$

on a

$$c\gamma' + v' = l\lambda',$$

$$c'\gamma' = l'\lambda',$$

$$c' = l'\frac{\lambda'}{\gamma'}.$$

Il s'ensuit

$$l' = 0, \quad c' = 0, \qquad \text{ou} \qquad l = m, \quad c = h,$$

ou

$$l = k\gamma + k_1, \qquad c = kl + k_2.$$

71. Dans le premier cas, en disposant de l'origine, on peut avoir $c = 0$, de sorte que

$$u + v = m\lambda,$$

$$v = m\lambda + m_1, \qquad \text{puis} \qquad u = -m_1,$$

par suite les équations sont

$$(1)\quad \begin{cases} x^2+y^2+z^2-2ax-2by = -2m_1 \\ -p(x-a)-q(y-b)+z = m\sqrt{1+p^2+q^2}, \end{cases} \qquad (2)\quad \begin{cases} x^2+y^2+z^2-2\gamma z = 2(m\lambda+m_1) \\ -px-qy+z-\gamma = \lambda\sqrt{1+p^2+q^2}. \end{cases}$$

On peut établir entre a et b une relation arbitraire, une aussi entre γ et λ. Les sphères (1) ont l'axe des z pour axe radical commun ; elles se coupent aux points

$$x = 0, \quad y = 0, z = \pm \sqrt{-2m_1},$$

réels ou imaginaires, suivant que l'on a $m_1 < 0$ ou > 0.

Quand ces points sont réels, si l'on opère une transformation de la surface par rayons vecteurs réciproques en prenant l'un des points pour pôle, les sphères se changeront en plans concourant en un point, et les sphères de la seconde série deviendront des sphères ayant leurs centres sur le même axe des z. La surface est donc une transformée par rayons vecteurs réciproques de celle dont il s'agit au chapitre II, 2ᵉ cas, au moins quand l'axe radical commun aux sphères de la première série est un axe réel.

Nous chercherons plus loin, directement, les équations des lignes de courbure, et celle de la surface, en considérant b comme une fonction donnée de a, et λ comme une fonction donnée de γ.

72. Dans le cas de

$$\lambda = K\gamma + K_1, \qquad c = Kl + K_2,$$

il y a à distinguer deux circonstances, celle où l'on a $K \gtrless 0$, et celle où l'on a $K = 0$. Soit $K \lessgtr 0$; en disposant de l'origine, on fera $K_1 = 0$, de sorte que

$$\begin{aligned} \lambda &= K\gamma, \\ c &= Kl + K_2, \\ K_2\gamma + \upsilon &= K_3 \\ u + K_3 &= \end{aligned}$$

ce qui mène à

$$(1) \quad \begin{aligned} &(x-a)^2 + (y-b)^2 + (z - Kl - K_2)^2 = a^2 + b^2 + (Kl - K_2)^2 - 2K_3 \\ &-p(x-a) - q(y-b) + z - Kl - K_2 = l\sqrt{1+p^2+q^2}, \end{aligned}$$

$$(2) \quad \begin{aligned} &x^2 + y^2 + (z-\gamma)^2 = \gamma^2 - 2K_2\gamma + 2K_3, \\ &-px - qy + z - \gamma = K\gamma\sqrt{1+p^2+q^2}. \end{aligned}$$

Les équations (2) sont celles de même numéro du § 39 (ch. II), quand on y fait

$$\begin{aligned} \theta^2 &= \gamma^2 - 2K_2\gamma + 2K_3, \\ K &= \frac{1}{m}. \end{aligned}$$

A l'égard des équations (1) on peut disposer de l. Qu'on fasse

$$l=\infty, \quad \lim \frac{a}{lK} = -a_1, \quad \lim \frac{b}{lK} = -b_1,$$

il vient

$$a_1 x + b_1 y - z = 0,$$
$$a_1 p + b_1 q + 1 = -m\sqrt{1+p^2+q^2},$$

autres équations (1) du même paragraphe.

Les lignes données par la formule 8 du § 45 ou la formule 9 du § 47 sont donc, les unes des cercles, les autres des lignes sphériques, quand on a

$$\theta^2 = \gamma^2 - 2K_2\gamma + 2K_3.$$

73. Si l'on a

$$K = 0,$$

il s'ensuivra $\lambda = K_1$, $c = K_2$, ou en disposant de l'origine $c=0$, et de là

$$u + \upsilon = lK_1,$$

ce qui exige υ constant, égal à K_3 : ainsi

$$(1)\quad \begin{cases} (x-a)^2+(y-b)^2+z^2=a^2+b^2+2lK_1-2K_3 \\ -p(x-a)-q(y-b)+z=l\sqrt{1+p^2+q^2}, \end{cases} \qquad (2)\quad \begin{cases} x^2+y^2+(z-\gamma)^2=\gamma^2+2K_3, \\ -px-qy+z-\gamma=K_1\sqrt{1+p^2+q^2}. \end{cases}$$

Les équations (2) sont celles du même numéro dans le § 53 ch. II, quand on y prend

$$\theta^2 = \gamma^2 + 2K_3 \quad \text{et} \quad K_1 = -m.$$

Pour cette valeur de θ^2, les lignes planes que donnent les formules du § 53 sont donc des cercles.

Alors, on peut dans les formules (1) établir entre a, b, l une relation arbitraire sans que la surface en soit changée, si l'on y pose $l=\infty$, $\frac{a}{l}=a_1$, $\frac{b}{l}=b_1$; il vient

$$a_1 x + b_1 y = -K_1$$
$$a_1 p + b_1 q = \sqrt{1+p^2+q^2},$$

formules qui sont celles du N° 1 du § 53.

DU CAS OU LES CENTRES DES SPHÈRES DE CHAQUE SÉRIE SONT DANS UN MÊME PLAN.

74. Démontrons d'abord que les sphères d'une même série ont un même axe radical.

Soit considérée l'équation

$$x^2 + y^2 + z^2 - 2ax - 2by - 2cz = 2u,$$

des sphères de la première série.

L'axe radical relatif à trois sphères consécutives sera donné par

$$a' x + b'y + c'z + u' = 0,$$
$$a''x + b''y + c''z + u'' = 0.$$

or l'on a

$$a'(\alpha\lambda' - \alpha'\lambda) + b'(\beta\lambda' - \beta'\lambda) + c'(\gamma\lambda' - \gamma'\lambda) + \lambda'u' = 0,$$
$$a''(\alpha\lambda' - \alpha'\lambda) + b''(\beta\lambda' - \beta'\lambda) + c''(\gamma\lambda' - \gamma'\lambda) + \lambda'u'' = 0,$$
$$a'''(\alpha\lambda' - \alpha'\lambda) + b'''(\beta\lambda' - \beta'\lambda) + c'''(\gamma\lambda' - \gamma'\lambda) + \lambda'u''' = 0.$$

mais puisque

$$\begin{vmatrix} a' & b' & c' \\ a'' & b'' & c'' \\ a''' & b''' & c''' \end{vmatrix} = 0,$$

il faut avoir

$$\lambda' = 0, \quad \text{ou bien} \quad \begin{vmatrix} u' & b' & c' \\ u'' & b'' & c'' \\ u''' & b''' & c''' \end{vmatrix} = 0,$$

supposé qu'on ait

$$\begin{vmatrix} b' & c' \\ b'' & c'' \end{vmatrix} \gtrless 0,$$

ce qu'il est permis d'admettre, car si on avait à la fois $\frac{a''}{a'} = \frac{b''}{b'} = \frac{c''}{c'}$, les centres des premières sphères seraient sur une droite.

Dans le second cas, quand les deux équations

$$a'x + b'y + c'z + u' = 0,$$
$$a''x + b''y + c''z + u'' = 0,$$

ont lieu à la fois, il s'ensuit, eu égard aux deux relations précédentes,

$$a'''x + b'''y + c'''z + u''' = 0;$$

car alors on peut avoir à la fois

$$\begin{aligned} a'\lambda + a''\mu + a'''\nu &= 0, \\ b'\lambda + b''\mu + b'''\nu &= 0, \\ c'\lambda + c''\mu + c'''\nu &= 0, \\ u'\lambda + u''\mu + u'''\nu &= 0, \end{aligned}$$

par des valeurs de λ, μ, ν autres que zéro.

En conséquence, l'axe radical relatif à trois sphères consécutives se rapporte également à une quatrième. Les sphères ont donc un même axe radical.

Au cas de $\lambda' = 0$, ou $\lambda = m$, comme λ ne dépend pas des axes de coordonnées, puisque l'on a $\lambda = \theta \cos(N, \theta)$, prenons pour plans des yz et des xz les plans sur lesquels sont les deux séries de centres; il s'ensuivra

$$\alpha = 0, \quad \beta = 0,$$
$$c\gamma + u + \upsilon = ml,$$

puis $c\gamma' + \upsilon' = 0$, ce qui exigera

soit $\gamma' = 0, \quad u' = 0, \quad$ d'où $\quad \gamma = k, \quad u = k_1,$

soit $c + m = 0, \quad \upsilon' = m\gamma', \quad \upsilon = m\gamma + m_1;$

dans ces deux cas, les centres de l'une et de l'autre série sont sur une même droite.

Donc, quand aucune des séries de sphères n'a ses centres sur une droite, il ne peut arriver qu'on ait λ égal à une constante, ni l non plus pour la même raison.

Ainsi, quand les centres des deux séries de sphères sont disposés sur deux plans sans être pour aucune série sur une droite, non-seulement ces plans sont perpendiculaires entre eux, mais les sphères de chaque série ont un même axe radical. Comme perpendiculaires aux deux plans, les deux axes radicaux sont à angle droit.

75. Prenons pour plan des yz le plan des centres des secondes sphères, pour plan des xz celui des centres des premières : nous aurons

$$a = 0, \quad b = 0,$$

et par suite

$$(1)\quad \begin{array}{l}(x-a)^2+y^2+(z-c)^2=a^2+c^2+2u,\\ -p(x-a)-qy+z-c=l\sqrt{1+p^2+q^2},\end{array}\qquad (2)\quad \begin{array}{l}x^2+(y-\beta)^2+(z-\gamma)^2=\beta^2+\gamma^2+2v,\\ -px-q(y-\beta)+z-\gamma=\lambda\sqrt{1+p^2+q^2},\end{array}$$

$$(\alpha)\qquad c\gamma+u+v=l\lambda.$$

On tire de la dernière équation

$$c\gamma'+v'=l\lambda',$$
$$c'\gamma'=l'\lambda',$$
$$c'=\frac{\lambda'}{\gamma'}l',$$

ce qui donne

$$\frac{\lambda'}{\gamma'}=m,\quad \lambda=m\gamma+m_1,\quad l'=\frac{1}{m}c',\quad l=\frac{1}{m}c+m_2,$$

$$v=mm_2\gamma+m_3\qquad u=\frac{m_1}{m}c+m_1m_2-m_3:$$

de sorte que finalement

$$(1)\qquad x^2+y^2+z^2-2ax-2cz=2\left(\frac{m_1}{m}c+m_1m_2-m_3\right),$$

$$(2)\qquad x^2+y^2+z^2-2\beta y-2\gamma z=2(mm_2\gamma+m_3).$$

Les sphères (1) ont bien deux points communs donnés par

$$x=0,\quad z=-\frac{m_1}{m},\quad y=\pm\sqrt{2(m_1m_2-m_3)-\frac{m_1^2}{m^2}},$$

leur axe radical est la droite qui a pour équations

$$x=0,\quad z=-\frac{m_1}{m},$$

il est parallèle à l'axe des y dans le plan yz.

Les sphères (2) ont également pour points communs les points donnés par

$$y=0,\quad z=-m_1m_2,\quad x=\pm\sqrt{2m_3-m_1^2m_2^2};$$

leur axe radical est déterminé par

$$y=0,\quad z=-m_1m_2,$$

c'est une droite dans le plan xz parallèle à l'axe des x.

Les deux axes radicaux sont ainsi chacun dans le plan des centres des sphères auxquelles il ne se rapporte pas, chacun d'eux ayant son milieu sur le plan des centres des sphères correspondantes, la perpendiculaire qui leur est commune est l'intersection des deux plans et passe par ces milieux.

76. Prenons pour l'axe des premières sphères

$$x = 0, \quad z = K,$$

pour celui des secondes

$$y = 0, \quad z = K'.$$

Nous aurons

$$\frac{m_1}{m} = -K, \qquad mm_2 = -K',$$

d'où

$$m_1 m_2 = KK', \quad \frac{m_2}{m_1} m^2 = \frac{K'}{K}, \quad u = -Kc + KK' - m_3, \quad \upsilon = -K'\gamma + m_3.$$

Qu'on fasse

$$u = -Kc + K_1,$$

$$\upsilon = -K'\gamma + K_2,$$

on aura

$$K_1 + K_2 = KK',$$

$$l = \frac{c - K'}{m}, \quad \lambda = m(\gamma - K).$$

Les équations seront

$$(1) \quad \begin{cases} (x-a)^2 + y^2 + (z-c)^2 = r^2, \\ -p(x-a) - qy + z - c = -n(K' - c)\sqrt{1 + p^2 + q^2}, \end{cases}$$

$$(2) \quad \begin{cases} x^2 + (y-\beta)^2 + (z-\gamma)^2 = \theta^2, \\ -px - q(y-\beta) + z - \gamma = -\frac{K-\gamma}{n}\sqrt{1 + p^2 + q^2}, \end{cases}$$

en posant

$$r^2 = a^2 + c^2 - 2Kc + 2K_1, \quad \theta^2 = \beta^2 + \gamma^2 - 2K'\gamma + 2K_2,$$
$$K_1 + K_2 = KK',$$

m étant d'ailleurs changé en $\frac{1}{n}$.

Nous avons maintenant à nous occuper de ces équations et de celles du § 71. Commençons par ces précédentes.

Du cas ou les sphères d'une série ont leurs centres sur une droite, tandis que les centres des autres sont sur un plan perpendiculaire a cette droite.

77. Les équations à traiter sont

$$(1)\quad \begin{aligned} &x^2+y^2+z^2-2ax-2by=-2m_1,\\ &-p(x-a)-q(y-b)+z=m\sqrt{1+p^2+q^2}, \end{aligned} \qquad (2)\quad \begin{aligned} &x^2+y^2+z^2-2\gamma z=2(m\lambda+m_1)\\ &-px-qy+z-\gamma=\lambda\sqrt{1+p^2+q^2}, \end{aligned}$$

ou

$$(1)\quad \begin{aligned} &(x-a)^2+(y-b)^2+z^2=r^2,\\ &-p(x-a)-q(y-b)+z=m\sqrt{1+p^2+q^2}, \end{aligned} \qquad (2)\quad \begin{aligned} &x^2+y^2+(z-\gamma)^2=\theta^2,\\ &-px-qy+z-\gamma=\lambda\sqrt{1+p^2+q^2}, \end{aligned}$$

en posant

$$r^2=a^2+b^2-2m_1,\quad \theta^2=\gamma^2+2m\lambda+2m_1.$$

Lignes de courbure du second système. — Les droites MR, MN, MT′ étant situées dans un même plan, la troisième perpendiculairement à la seconde, on a

$$\cos(\text{MR},\text{MT}')=-\sin(\text{MR},\text{MN}),$$

ou

$$(x-a)\frac{dx}{ds}+(y-b)\frac{dy}{ds}+z\frac{dz}{ds}=-r\sqrt{1-\frac{m^2}{r^2}}=-\sqrt{r^2-m^2},$$

$$[(x-a)\,dx+(y-b)\,dy+zdz]^2=(r^2-m^2)\,ds^2.$$

Nous avons à considérer γ, θ, λ comme des constantes, r, a et b comme des variables.

78. Proposons-nous d'obtenir z en fonction de a.

Les relations à employer sont

$$[(x-a)\,dx+(y-b)\,dy+zdz]^2=(r^2-m^2)\,ds^2,$$
$$(x-a)^2+(y-b)^2+z^2=r^2,\qquad x^2+y^2+(z-\gamma)^2=\theta^2,$$
$$r^2=a^2+b^2-2m_1,\qquad \theta^2=\gamma^2+2m\lambda+2m_1.$$

La première peut se changer en

$$[(x-a)\,da+(y-b)\,db+rdr]^2=(r^2-m^2)\,ds^2.$$

On déduit de là

$$x - a = \frac{a(-r^2 + m\lambda + \gamma z) \pm bR}{r^2 + 2m_1}, \quad y - b = \frac{b(-r^2 + m\lambda + \gamma z) \mp aR}{r^2 + 2m_1},$$

$$\mp (bx - ay) = R = \sqrt{(r^2 - z^2)(r^2 + 2m_1) - (-r^2 + m\lambda + \gamma z)^2}$$

$$= \sqrt{r^2[\theta^2 - (z-\gamma)^2] - 2m_1 z^2 - (m\lambda + \gamma z)^2},$$

$$(ay - bx)^2 ds^2 = (r^2\theta^2 - m^2\lambda^2) dz^2 - 2[\theta^2 z - m\lambda(z-\gamma)][(x-a)da + (y-b)db + rdr]$$
$$+ [\theta^2 - (z-\gamma)^2][(x-a)da + (y-b)db + rdr]^2,$$

puis on a

$$[(x-a)da + (y-b)db + rdr]^2 \Theta + 2(r^2 - m^2)[\theta^2 z - m\lambda(z-\gamma)]$$
$$[(x-a)da + (y-b)db + rdr]dz = (r^2 - m^2)(r^2\theta^2 - m^2\lambda^2)dz^2,$$

en faisant

$$\Theta = m^2[\theta^2 - (z-\gamma)^2] - 2m_1 z^2 - (m\lambda + \gamma z)^2;$$

et de là

$$(x-a)da + (y-b)db + rdr + \frac{(r^2 - m^2)[\theta^2 z - m\lambda(z-\gamma)]}{\Theta}$$

$$= \frac{m\sqrt{\theta^2 - \lambda^2}\sqrt{r^2 - m^2}\, R\, dz}{\Theta}$$

ce qui donne

$$\frac{(m\lambda + \gamma z + 2m_1) rdr}{(r^2 + 2m_1)\sqrt{r^2 - m^2}\, R} + \frac{\sqrt{(r^2 - m^2)}\,[\theta z^2 - m\lambda(z-\gamma)]}{\Theta R} dz$$

$$= \mp \frac{bda - adb}{(r^2 + 2m_1)\sqrt{r^2 - m^2}} + \frac{m\sqrt{\theta^2 - \lambda^2}\, dz}{\Theta}.$$

79. Dans cette équation, la différentielle du premier terme par rapport à z et celle du second par rapport à a sont égales à

$$\frac{[\theta^2 z - m\lambda(z-\gamma)]\, rdr\, dz}{\sqrt{z^2 - m^2}\, R^3}.$$

Le premier membre est donc la différentielle complète d'une fonction V_1 de r et de z.

En comparant cette équation à celle du § 42 (ch. II), on est amené à y remplacer

$$a^2 + b^2 \text{ par } r^2 + 2m_1,$$
$$1 - m^2 \text{ par } -(2m_1 + m^2),$$

$$z \text{ par } m\lambda + \gamma z + 2m_1,$$
$$\theta^2 - (z-\gamma)^2 \text{ par } \theta^2 - (z-\gamma)^2.$$

Qu'on prenne donc

$$V_1 = -\frac{1}{\sqrt{-2m_1 - m^2}} \operatorname{arctang} \frac{(m\lambda + \gamma z + 2m_1)\sqrt{r^2 - m^2}}{\sqrt{-m^2 - 2m_1}\, R},$$

on trouve, en effet, que dV_1 est le premier membre de l'équation.

Comme d'autre part on a

$$-\int \frac{m\sqrt{\theta^2 - \lambda^2}\, dz}{\theta} = \frac{1}{\sqrt{-m^2 - 2m_1}} \operatorname{arc\,tang} \frac{z(m^2 + 2m_1 + \gamma^2) - m\gamma(m-\lambda)}{m\sqrt{\theta^2 - \lambda^2}\sqrt{-m^2 - 2m_1}},$$

il s'ensuit pour l'intégrale de l'équation

$$V = -\frac{1}{\sqrt{-m^2 - 2m_1}} \operatorname{arc\,tang} \frac{(m\lambda + \gamma z + 2m_1)\sqrt{r^2 - m^2}}{\sqrt{-m^2 - 2m_1}\, R}$$
$$+ \frac{1}{\sqrt{-m^2 - 2m_1}} \operatorname{arc\,tang} \frac{z(m^2 + 2m_1 + \gamma^2) - m\gamma(m-\lambda)}{m\sqrt{\theta^2 - \lambda^2}\sqrt{-m^2 - 2m_1}} - K$$
$$\pm \int \frac{bda - adb}{(r^2 + 2m_1)\sqrt{r^2 - m^2}} = 0,$$

K étant là une fonction de γ qu'il nous reste à obtenir.

80. En substituant dans V la valeur de θ^2, elle devient

$$V = -\frac{1}{\sqrt{-m^2 - 2m_1}} \operatorname{arc\,tang} \frac{(m\lambda + \gamma z + 2m_1)\sqrt{r^2 - m^2}}{\sqrt{-m^2 - 2m_1}\sqrt{r^2[2m\lambda + 2m_1 - z^2 + 2\gamma z] - 2m_1 z^2 - (m\lambda + \gamma z)^2}}$$
$$+ \frac{1}{\sqrt{-m^2 - 2m_1}} \operatorname{arc\,tang} \frac{z(m^2 + 2m_1 + \gamma^2) - m\gamma(m-\lambda)}{m\sqrt{-m^2 - 2m_1}\sqrt{\gamma^2 + 2m\lambda + 2m_1 - \lambda^2}}$$
$$- K \pm \int \frac{bda - adb}{(r^2 + 2m_1)\sqrt{r^2 - m^2}} = 0.$$

Les équations

$$-p(x-a) - q(y-b) + z = m\sqrt{1 + p^2 + q^2},$$
$$-px - qy + z - \gamma = \lambda\sqrt{1 + p^2 + q^2}$$

donnant

$$-p[\lambda(x-a) - mx] - q[\lambda(y-b) - my] + \lambda z - m(z-\gamma) = 0,$$

déterminons K de façon que par l'équation $V = 0$ on satisfasse à cette relation, eu égard d'ailleurs aux équations

$$(x-a)^2+(y-b)^2+z^2=r^2, \quad x^2+y^2+(z-\gamma)^2=\theta^2,$$
$$r^2=a^2+b^2-2m_1, \quad \theta^2=\gamma^2+2m\lambda+2m_1,$$

λ se traitant comme fonction de γ, et b comme fonction de a.

Nous aurons donc

$$\frac{dV}{da}\frac{da}{dx}+\frac{dV}{dz}p+\left(\frac{dV}{d\gamma}-\frac{dK}{d\gamma}\right)\frac{d\gamma}{dx}=0, \quad x-a+zp=\left(x+y\frac{db}{da}\right)\frac{da}{dx}$$
$$x+(z-\gamma)p=\left(z+m\frac{d\lambda}{d\gamma}\right)\frac{d\gamma}{dx},$$

d'où

$$\frac{dV}{da}\,\frac{x-a+pz}{x+y\dfrac{db}{da}}+\frac{dV}{dz}p+\left(\frac{dV}{d\gamma}-\frac{dK}{d\gamma}\right)\frac{x+p(z-\gamma)}{z+m\dfrac{d\lambda}{d\gamma}}=0;$$

de même

$$\frac{dV}{da}\,\frac{y-b+qz}{x+y\dfrac{db}{da}}+\frac{dV}{dz}q+\left(\frac{dV}{d\gamma}-\frac{dK}{d\gamma}\right)\frac{y+q(z-\gamma)}{z+m\dfrac{d\lambda}{d\gamma}}=0.$$

Il s'ensuit

$$\frac{dV}{da}\,\frac{\lambda r^2-m(\theta^2-\gamma^2)+m(2m_1+m\lambda)}{x+y\dfrac{db}{da}}+\frac{dV}{dz}[\lambda z-m(z-\gamma)]$$
$$+\left(\frac{dV}{d\gamma}-\frac{dK}{d\gamma}\right)\frac{\lambda(\theta^2-\gamma^2)-m\theta^2-\lambda(2m_1+m\lambda)}{z+m\dfrac{d\lambda}{d\gamma}}=0,$$

ou

$$\frac{dV}{da}\,\frac{\lambda(r^2-m^2)}{x+y\dfrac{db}{da}}+\frac{dV}{dz}[\lambda z-m(z-\gamma)]+\left(\frac{dV}{d\gamma}-\frac{dK}{d\gamma}\right)\frac{-m(\theta^2-\lambda^2)}{z+m\dfrac{d\lambda}{d\gamma}}=0.$$

Mais nous avons

$$\frac{dV}{da}=\frac{m\lambda+\gamma z+2m_1}{(r^2+2m_1)\sqrt{r^2-m^2}\,R}\left(a+b\frac{db}{da}\right)\pm\frac{b-a\dfrac{db}{da}}{(r^2+2m_1)\sqrt{r^2-m^2}},$$

$$\frac{dV}{dz}=\frac{\sqrt{r^2-m^2}[\theta^2 z-m\lambda(z-\gamma)]}{\Theta R}-\frac{m\sqrt{\theta^2-\lambda^2}}{\Theta},$$

$$x+y\frac{db}{da}=\frac{(m\lambda+\gamma z+2m_1)\left(a+b\dfrac{db}{da}\right)\pm\left(b-a\dfrac{db}{da}\right)R}{r^2+2m_1},$$

$$\frac{dV}{d\gamma} = \frac{\sqrt{r^2-m^2}}{R}\left(z+m\frac{d\lambda}{d\gamma}\right)\frac{m\lambda+\gamma z-z^2}{\Theta}$$

$$-\frac{m}{\sqrt{\theta^2-\lambda^2}}\,\frac{(m^2+2m_1+\gamma^2)\left\{\gamma z+[\lambda z-m(z-\gamma)]\dfrac{d\lambda}{d\gamma}\right\}+m(\lambda-m)(2m\lambda+2m_1-\lambda^2)-2\gamma z(\lambda-m)^2}{(m^2+2m_1+\gamma^2)\Theta},$$

Substitution faite de ces valeurs, il vient

$$\frac{\lambda\sqrt{\theta^2-m^2}}{R}+\frac{\sqrt{r^2-m^2}[\theta^2 z-m\lambda(z-\gamma)][\lambda z-m(z-\gamma)^2]}{R\Theta}-\frac{m\sqrt{r^2-m^2}(\theta^2-\lambda^2)(m\lambda+\gamma z-z^2)}{R\Theta}$$

$$-m\frac{\sqrt{\theta^2-\lambda^2)}[\lambda z-m(z-\gamma)]}{\Theta}+\frac{m^2\sqrt{\theta^2-\lambda^2}}{z+m\dfrac{d\lambda}{d\gamma}}$$

$$\frac{(m^2+2m_1+\gamma^2)\left\{\gamma z+[\lambda z-m(z-\gamma)]\dfrac{d\lambda}{d\gamma}\right\}+m(\lambda-m)(2m\lambda+2m_1-\lambda^2)-2\gamma z(\lambda-m)^2}{(m^2+2m_1+\gamma^2)\Theta}$$

$$+\frac{dK}{d\gamma}\,\frac{m(\theta^2-\lambda^2)}{z+m\dfrac{d\lambda}{d\theta}}=0,$$

ce qui se réduit à

$$-\frac{\lambda-m}{m^2+2m_1+\gamma^2}+\frac{dK}{d\gamma}\sqrt{\theta^2-\lambda^2}=0,$$

$$\frac{dK}{d\gamma}=\frac{\lambda-m}{(m^2+2m_1+\gamma^2)\sqrt{\theta^2-\lambda^2}},$$

donc

$$K=\int\frac{(\lambda-m)\,d\gamma}{(m^2+2m_1+\gamma^2)\sqrt{\theta^2-\lambda^2}}.$$

81. L'équation intégrale est ainsi

$$V=-\frac{1}{\sqrt{-m^2-2m_1}}\operatorname{arc\,tang}\frac{(m\lambda+\gamma z+2m_1)\sqrt{r^2-m^2}}{\sqrt{-m^2-2m_1}\,R}$$

$$+\frac{1}{\sqrt{-m^2-2m_1}}\operatorname{arc\,tang}\frac{z(m^2+2m_1+\gamma^2)-m\gamma(m-\lambda)}{m\sqrt{-m^2-2m_1}\sqrt{\theta^2-\lambda^2}}$$

$$-\int\frac{(\lambda-m)\,d\gamma}{(m^2+2m_1+\gamma^2)\sqrt{\theta^2-\lambda^2}}\pm\int\frac{bda-adb}{(r^2+2m_1)\sqrt{r^2-m^2}}=0,$$

supposé qu'on ait

$$-m^2-2m_1>0.$$

82. Au cas de $-m^2 - 2m_1 < 0$, l'intégrale est

$$V = -\frac{1}{2\sqrt{m^2+2m_1}}\, l\, \frac{\left[(m\lambda+\gamma z+2m_1)\sqrt{r^2-m^2} - R\sqrt{m^2+2m_1}\right]^2}{(r^2+2m_1)\left[(m\lambda+\gamma z - m^2)^2 + (z^2-m^2)(m^2+2m_1)\right]}$$

$$+\frac{1}{2\sqrt{m^2+2m_1}}\, l\, \frac{\left[z(m^2+2m_1+\gamma^2) - m\gamma(m-\lambda) - m\sqrt{\theta^2-\lambda^2}\sqrt{m^2+2m_1}\right]^2}{(m^2+2m_1+\gamma^2)\left[(m\lambda+\gamma z-m^2)^2+(z^2-m^2)(m^2+2m_1\right]}$$

$$-\int \frac{(\lambda-m)\,d\gamma}{(m^2+2m_1+\gamma^2)\sqrt{\theta^2-\lambda^2}} \pm \int \frac{bda-adb}{(r^2+2m_1)\sqrt{r^2-m^2}} = 0,$$

$$V = \frac{1}{\sqrt{m^2+2m_1}}\, l \pm \frac{z(m^2+2m_1+\gamma^2) - m\gamma(m-\lambda) - m\sqrt{\theta^2-\lambda^2}\sqrt{m^2+2m_1}}{(m\lambda+\gamma z+2m_1)\sqrt{r^2-m^2} - R\sqrt{m^2+2m_1}}$$

$$\frac{\sqrt{r^2+2m_1}}{\sqrt{\gamma^2+m^2+2m_1}} - \int \frac{(\lambda-m)\,d\gamma}{(2m^2+m_1+\gamma^2)\sqrt{\theta^2-\lambda^2}} \pm \int \frac{bda-adb}{(r^2+2m_1)\sqrt{r^2-m^2}} = 0.$$

On y joindra

$$(x-a)^2+(y-b)^2+z^2=r^2, \qquad x^2+y^2+(z-\gamma)^2=\theta^2,$$

$$R = \sqrt{r^2[\theta^2-(z-\gamma)^2] - 2m_1 z^2 - (m\lambda+\gamma z)^2} = \pm(bx-ay),$$

$$r^2 = a^2+b^2-2m_1, \qquad \theta^2 = \gamma^2+2m\lambda+2m_1$$

$$b = fa,\ \lambda = F\gamma.$$

Par l'élimination de a et de b, on aura avec $x^2+y^2+(z-\gamma)^2=\theta^2$, une équation générale pour les lignes de courbure du second système. Par celle de γ, λ, θ on aura, avec l'équation $(x-a)^2+(y-b)^2+z^2=r^2$, une équation générale pour les lignes de courbure du premier système. Par celle de a et de γ, et des variables qui en dépendent, on aura l'équation de la surface.

83. Si l'on a $m^2+2m_1=0$, on déduit de la dernière expression de V

$$V = -\frac{m\sqrt{\theta^2-\lambda^2}\sqrt{r^2-m^2}+R\gamma}{\gamma(m\lambda+\gamma z-m^2)\sqrt{r^2-m^2}} - \int \frac{(\lambda-m)d\gamma}{\gamma^2\sqrt{\theta^2-\lambda^2}} \pm \int \frac{bda-adb}{(r^2-m^2)\sqrt{r^2-m^2}} = 0.$$

84. Pour les surfaces parallèles, les équations (1) et (2) devenant

$$(1)\qquad \begin{aligned} &x'^2+y'^2+z'^2-2ax'-2by' = N^2+2Nm-2m_1 = -2M_1,\\ &-p(x'-a)-q(y'-b)+z' = (N+m)\sqrt{1+p^2+q^2} = M\sqrt{1+p^2+q^2},\end{aligned}$$

$$(2)\qquad \begin{aligned} &x'^2+y'^2+z'^2-2\gamma z' = N^2+2(N+m)\lambda+2m_1 = 2(MA+M_1)\\ &-px'-qy'+z'-\gamma = (N+\lambda)\sqrt{1+p^2+q^2} = A\sqrt{1+p^2+q^2},\end{aligned}$$

en faisant

$$\Lambda = N + \lambda, \quad M = N + m, \quad -2M_1 = N^2 + 2Nm - 2m_1,$$

on devra dans les valeurs de V, θ^2, r^2 changer λ, m et m_1 en ces valeurs de Λ, M et M_1.

Il est à remarquer que si l'on a $m^2 + 2m_1 = 0$, on a également $M^2 + 2M_1 = 0$.

DU CAS OU LES DEUX SÉRIES DE SPHÈRES PRÉSENTENT CHACUNE LES CENTRES SUR UN PLAN.

85. Les équations établies § 76, sont

$$(1) \qquad \begin{aligned} &(x-a)^2 + y^2 + (z-c)^2 = r^2, \\ &-p(x-a) - qy + z - c = -n(K'-c)\sqrt{1+p^2+q^2}, \end{aligned}$$

$$(2) \qquad \begin{aligned} &x^2 + (y-\beta)^2 + (z-\gamma)^2 = \theta^2, \\ &-px - q(y-\beta) + z - \gamma = -\frac{K-\gamma}{n}\sqrt{1+p^2+q^2}, \end{aligned}$$

$$r^2 = a^2 + c^2 - 2Kc + 2K_1, \quad \theta^2 = \beta^2 + \gamma^2 - 2K'\gamma + 2K_2,$$

$$K_1 + K_2 = KK'.$$

Ajoutons-y

$$c = fa, \quad \beta = F\gamma,$$

de sorte que le lieu des centres des premières sphères sur le plan xzy soit une ligne quelconque, ainsi que celui des centres des secondes sur le plan yz.

86. Proposons-nous d'abord de trouver une équation différentielle relative aux lignes du second système.

Au point M, quelconque sur la surface, les droites MN, MR, MT' étant dans un même plan, la première perpendiculaire à la troisième, on a

$$\sin(MN, MR) = \cos(MR, MT'),$$

et de là

$$[(x-a)\,dx + y\,dy + (z-c)\,dz]^2 = [r^2 - n^2(K'-c)^2]\,ds^2$$

ou

$$[(x-a)\,da + (z-c)\,dc + r\,dr]^2 = [r^2 - n^2(K'-c)^2]\,ds^2.$$

Nous allons éliminer de cette équation x et z.

On obtient pour cela

$$z-\gamma=\frac{(c-\gamma)\left[\theta^2+\beta y-\beta^2-(K-\gamma)(K'-c)\right]\pm aR}{a^2+(c-\gamma)^2},$$

$$x=\frac{a\left[\theta^2+\beta y-\beta^2-(K-\gamma)(K'-c)\right]\mp(c-\gamma)R}{a^2+(c-\gamma)^2},$$

$$\begin{aligned}R&=\pm\left[(c-\gamma)x-a(z-\gamma)\right]\\&=\sqrt{\left[a^2+(c-\gamma)^2\right]\left[\theta^2-(y-\beta)^2\right]-\left[\theta^2+\beta y-\beta^2-(K-\gamma)(K'-c)\right]^2}.\end{aligned}$$

Nous ferons observer qu'en raison de ce que

$$r^2-a^2-(c-\gamma)^2=-\theta^2+\beta^2+2(K-\gamma)(K'-c)$$

l'on a

$$\begin{aligned}R^2&=\left[a^2+(c-\gamma)^2\right]\left[\theta^2-(y-\beta)^2\right]-\left[\theta^2+\beta y-\beta^2-(K-\gamma)(K'-c)\right]^2\\&=r^2\left[\theta^2-(y-\beta)^2\right]-\theta^2y^2+2y(y-\beta)(K-\gamma)(K'-c)-(K-\gamma)^2(K'-c)^2\\&=-y^2\left[r^2+\theta^2-2(K-\gamma)(K'-c)\right]+2\beta y\left[r^2-(K-\gamma)(K'-c)\right]+r^2(\theta^2-\beta^2)-(K-\gamma)^2(K'-c)^2\\&=-\left[r^2+\theta^2-2(K-\gamma)(K'-c)\right]\left[y-\beta\frac{r^2-(K-\gamma)(K'-c)}{r^2+\theta^2-2(K-\gamma)(K'-c)}\right]^2\\&\quad+\frac{\left[a^2+(c-\gamma)^2\right]\left[\theta^2r^2-(K-\gamma)^2(K'-c)^2\right]}{r^2+\theta^2-2(K-\gamma)(K'-c)}\end{aligned}$$

et

$$R^2\theta^2=\left[\theta^2-(y-\beta)^2\right]\left[r^2\theta^2-(K-\gamma)^2(K'-c)^2\right]-\left[\theta^2y-(y-\beta)(K-\gamma)(K'-c)\right]^2,$$

on trouve, réduction faite,

$$\begin{aligned}R^2\,ds^2=dy^2\left[r^2\theta^2-(K-\gamma)^2(K'-c)^2\right]&-2dy\left[(x-a)\,da\right.\\&\left.+(z-c)\,dc+rdr\right]\left\{(y-\beta)\left[\theta^2-(K-\gamma)(K'-c)\right]+\theta^2\beta\right\}\\&+\left[\theta^2-(y-\beta)^2\right]\left[(x-a)\,da+(z-c)\,dc+rdr\right]^2,\end{aligned}$$

et par là l'équation différentielle devient

$$\begin{aligned}R^2&\left[(x-a)\,da+(z-c)\,dc+rdr\right]^2\\&=\left[r^2-n^2(K'-c)^2\right]\left\{\begin{aligned}&dy^2\left[r^2\theta^2-(K-\gamma)^2(K'-c)^2\right]-2dy\left[(x-a)\,da+(z-c)\,dc\right.\\&\left.\quad+rdr\right]\left[(y-\beta)\left\{\theta^2-(K-\gamma)(K'-c)\right\}+\beta\theta^2\right]\\&+\left[\theta^2-(y-\beta)^2\right]\left[(x-a)\,da+(z-c)\,dc+rdr\right]^2\end{aligned}\right\},\end{aligned}$$

d'où

$$\begin{aligned}\Theta[(x-a)\,da+(z-c)\,dc+r\,dr]^2-2dy\,[(x-a)\,da+(z-c)\,dc\\ +r\,dr]\,[r^2-n^2(K'-c)^2]\{(y-\beta)[\theta^2-(K-\gamma)(K'-c)]+\theta^2\beta\}\\ +[r^2-n^2(K'-c)^2]\,[r^2\theta^2-(K-\gamma)^2(K'-c)^2]\,dy^2=0,\end{aligned}$$

en posant

$$\begin{aligned}\Theta&=[r^2-a^2-(c-\gamma)^2-n^2(K'-c)^2][\theta^2-(y-\beta)^2]+[\theta^2+\beta y-\beta^2-(K-\gamma)(K'-c)]^2\\ &=\theta^2y^2-2y(y-\beta)(K-\gamma)(K'-c)+(K-\gamma)^2(K'-c)^2-n^2(K'-c)^2[\theta^2-(y-\beta)^2].\end{aligned}$$

De là

$$\Theta\left\{(x-a)\,da+(z-c)\,dc+r\,dr-dy\,\frac{[r^2-n^2(K'-c)^2]\{(y-\beta)[\theta^2-(K-\gamma)(K'-c)]+\theta^2\beta\}}{\Theta}\right\}^2$$

$$=dy^2\,\frac{(K'-c)^2[n^2\theta^2-(K-\gamma)^2][r^2-n^2(K'-c)^2]R^2}{\Theta},$$

$$(x-a)\,da+(z-c)\,dc+r\,dr-dy\,\frac{[r^2-n^2(K'-c)^2][\theta^2y-(y-\beta)(K-\gamma)(K'-c)]}{\Theta}$$

$$=dy\,\frac{(K'-c)\sqrt{r^2-n^2(K'-c)^2}\,\sqrt{n^2\theta^2-(K-\gamma)^2}\,R}{\Theta}$$

ce qui mène à l'équation

$$\begin{aligned}&\frac{[a\,da+(c-\gamma)\,dc][\theta^2+\beta y-\beta^2-(K-\gamma)(K'-c)]}{[a^2+(c-\gamma)^2]\,R}-\frac{(K-\gamma)\,dc}{R}\\ &\quad-\frac{[r^2-n^2(K'-c)^2][\theta^2y-(y-\beta)(K-\gamma)(K'-c)]}{\Theta R}\,dy\\ &\quad-\frac{(K'-c)\sqrt{n^2\theta^2-(K-\gamma)^2}\,\sqrt{r^2-n^2(K'-c)^2}}{\Theta}\,dy\mp\frac{(c-\gamma)\,da-a\,dc}{a^2+(c-\gamma)^2}=0,\end{aligned}$$

ou par l'introduction d'un facteur

$$\begin{aligned}&\frac{[a\,da+(c-\gamma)\,dc][\theta^2+\beta y-\beta^2-(K-\gamma)(K'-c)]\sqrt{r^2-a^2-(c-\gamma)^2-n^2(K'-c)^2}}{[a^2+(c-\gamma)^2]\,R\,\sqrt{r^2-n^2(K'-c)^2}}\\ &\quad-\frac{(K-\gamma)\,dc\,\sqrt{r^2-a^2-(c-\gamma)^2-n^2(K'-c)^2}}{R\sqrt{r^2-n^2(K'-c)^2}}\\ &\quad-\frac{\sqrt{r^2-a^2-(c-\gamma)^2-n^2(K'-c)^2}\,\sqrt{r^2-n^2(K'-c)^2}\,[\theta^2y-(y-\beta)(K-\gamma)(K'-c)]}{\Theta R}\,dy\end{aligned}$$

$$-\frac{(K'-c)\sqrt{n^2\theta^2-(K-\gamma)^2}\sqrt{r^2-a^2-(c-\gamma)^2-n^2(K'-c)^2}}{\theta}dy$$

$$=\pm\frac{[(c-\gamma)da-adc]\sqrt{r^2-a^2-(c-\gamma)^2-n^2(K'-c)^2}}{[a^2+(c-\gamma)^2]\sqrt{r^2-n^2(K'-c)^2}}.$$

87. En se reportant au § 43, on peut induire que l'intégrale du terme

$$dU=-\frac{\sqrt{r^2-n^2(K'-c)^2}\sqrt{r^2-a^2-(c-\gamma)^2-n^2(K'-c)^2}\,[\theta^2 y-(y-\beta)(K-\gamma)(K'-c)]}{\theta R}dy,$$

considéré comme fonction de y seul, est

$$-\text{arc tang}\,\frac{\sqrt{r^2-n^2(K'-c)^2}}{\sqrt{r^2-a^2-(c-\gamma)^2-n^2(K'-c)^2}}\;\frac{\beta y+\theta^2-\beta^2-(K-\gamma)(K'-c)}{R}.$$

C'est à quoi l'on aboutit aisément par le procédé qui suit

$$\frac{dU_1}{\sqrt{r^2-a^2-(c-\gamma)^2-n^2(K'-c)^2}}=-\frac{1}{2}\frac{\dfrac{\theta^2 y-(y-\beta)(K-\gamma)(K'-c)}{\sqrt{\theta^2-(y-\beta^2)}}}{R\left[\sqrt{r^2-n^2(K'-c)^2}\sqrt{\theta^2-(y-\beta)^2}-R\right]}dy$$

$$+\frac{1}{2}\frac{\dfrac{\theta^2 y-(y-\beta)(K-\gamma)(K'-c)}{\sqrt{\theta^2-(y-\beta)^2}}}{-R\left[\sqrt{r^2-n^2(K'-c)^2}\sqrt{\theta^2-(y-\beta)^2}+R\right]}dy.$$

Qu'on fasse

$$\theta^2+\beta y-\beta^2-(K-\gamma)(K'-c)=\sqrt{a^2+(c-\gamma)^2}\,\sqrt{\theta^2-(y-\beta)^2}\,u,$$

d'où

$$R^2=[a^2+(c-\gamma)^2][\theta^2-(y-\beta)^2](1-u^2),$$

$$\beta dy=-\frac{(y-\beta)[\theta^2+\beta y-\beta^2-(K-\gamma)(K'-c)]}{\theta^2-(y-\beta)^2}dy+\sqrt{a^2+(c-\gamma)^2}\sqrt{\theta^2-(y-\beta)^2}du,$$

$$[\theta^2 y-(y-\beta)(K-\gamma)(K'-c)]dy=\sqrt{a^2+(c-\gamma)^2}\left[\theta^2-(y-\beta)^2\right]^{\frac{3}{2}}du,$$

il vient

$$dU_1=-\frac{1}{2}\frac{du\sqrt{r^2-a^2-(c-\gamma)^2-n^2(K'-c)^2}}{\sqrt{1-u^2}\left[\sqrt{r^2-n^2(K'-c)^2}-\sqrt{1-u^2}\sqrt{a^2+(c-\gamma)^2}\right]}$$

$$+\frac{1}{2}\frac{du\sqrt{r^2-a^2-(c-\gamma)^2-n^2(K'-c)^2}}{-\sqrt{1-u^2}\left[\sqrt{r^2-n^2(K'-c)^2}+\sqrt{1-u^2}\sqrt{a^2+(c-\gamma)^2}\right]},$$

Si l'on prend

$$\sqrt{1-u^2}=1-uv, \quad \text{d'où} \quad du=\frac{2(1-v^2)dv}{(1+v^2)^2}, \quad \sqrt{1-u^2}=\frac{1-v^2}{1+v^2},$$

on a

$$dU_1=-\frac{dv\sqrt{r^2-a^2-(c-\gamma)^2-n^2(K'-c)^2}}{\sqrt{r^2-n^2(K'-c)^2}\,(1+v^2)-\sqrt{a^2+(c-\gamma)^2}(1-v^2)}$$

$$-\frac{dv\sqrt{r^2-a^2-(c-\gamma)^2-n^2(K'-c)^2}}{\sqrt{r^2-n^2(k'-c)^2}\,(1+v^2)+\sqrt{a^2+(c-\gamma)^2}\,(1-v^2)},$$

d'où

$$U_1=-\text{arc tang}\,\frac{u\sqrt{r^2-n^2(K'-c)^2}}{\sqrt{1-u^2}\sqrt{r^2-a^2-(c-\gamma)^2-n^2(K'-c)^2}}$$

$$=-\text{arc tang}\,\frac{\sqrt{r^2-n^2(K'-c)^2}\,[\theta^2+\beta y-\beta^2-(K-\gamma)(K'-c)]}{R\sqrt{r^2-a^2-(c-\gamma)^2-n^2(K'-c)^2}}.$$

La différentielle complète de U_1, comme fonction de a et de y, est

$$dU_1=-dy\,\frac{\sqrt{r^2-n^2(K'-c)^2}\sqrt{r^2-a^2-(c-\gamma)^2-n^2(K'-c)^2}\,[\theta^2y-(y-\beta)(K-\gamma)(K'-c)]}{R\Theta}$$

$$+\frac{[ada+(c-\gamma)dc]\,[\theta^2+\beta y-\beta^2-(K-\gamma)(K'-c)]\sqrt{r^2-a^2-(c-\gamma)^2-n^2(K'-c)^2}}{R\,[a^2+(c-\gamma)^2]\sqrt{r^2-n^2(K'-c)^2}}$$

$$-\frac{(K-\gamma)\,dc\sqrt{r^2-a^2-(c-\gamma)^2-n^2(K'-c)^2}}{R\sqrt{r^2-n^2(K'-c)^2}}$$

$$+Rdc\,\frac{n^2(K'-c)[\theta^2+\beta y-\beta^2-(K-\gamma)(K'-c)]-(K-\gamma)[r^2-a^2-(c-\gamma)^2-n^2(K'-c)^2+\theta^2+\beta y-\beta^2-(K-\gamma)(K'-c)]}{\sqrt{r^2-a^2-(c-\gamma)^2-n^2(K'-c)^2}\sqrt{r^2-n^2(K'-c)^2}\,\Theta}.$$

L'intégrale du terme

$$-dy\,\frac{(K'-c)\sqrt{n^2\theta^2-(K-\gamma)^2}\sqrt{r^2-a^2-(c-\gamma)^2-n^2(K'-c)^2}}{\Theta}$$

est

$$U_2=-\text{arctang}\,\frac{[\theta^2-(K-\gamma)(K'-c)]\,y-(y-\beta)(K'-c)\,[K-\gamma-n^2(K'-c)]}{(K'-c)\sqrt{n^2\theta^2-(K-\gamma)^2}\sqrt{r^2-a^2-(c-\gamma)^2-n^2(K'-c)^2}},$$

et la différentielle complète de cette intégrale est

$$dU_2 = -dy\frac{(K'-c)\sqrt{n^2\theta^2-(K-\gamma)^2}\sqrt{r^2-a^2-(c-\gamma)^2-n^2(K'-c)^2}}{\theta} - dc\,\frac{\sqrt{n^2\theta^2-(K-\gamma)^2}}{\sqrt{r^2-a^2-(c-\gamma)^2-n^2(K'-c)^2}}$$

$$\frac{+\beta[\theta^2\beta y-(K-\gamma)^2)(K'-c)^2-n^2(K'-c)^2(\theta^2+\beta y-\beta^2)]-y[\theta^2-(K-\gamma)(K'-c)][\theta^2-2(K-\gamma)(K'-c)+n^2(K'-c)^2]}{\theta[\theta^2-2(K-\gamma)(K'-c)+n^2(K'-c)^2]}.$$

La différentielle complète de $U_1 + U_2$ reproduit ainsi le premier membre de l'équation différentielle avec deux autres termes qui ne se détruisent pas, ni ne se réduisent à une expression indépendante de y. Par conséquent le premier membre n'est plus la différentielle d'une fonction de y et de a; de sorte qu'une pareille fonction n'est pas ici égale à l'intégrale du second membre, ni à cette intégrale compliquée d'un terme indépendant de y.

88. L'équation différentielle que nous venons d'examiner, s'obtient sous une autre forme qui est à remarquer, quand on procède autrement que nous ne l'avons fait à partir de l'équation

$$[r^2-n^2(K'-c)^2][r^2\theta^2-(K-\gamma)^2(K'-c)^2]\,dy^2 - 2[(x-a)\,da+(z-c)\,dc+rdr]$$
$$[r^2-n^2(K'-c)^2][\theta^2 y-(y-\beta)(K-\gamma)(K'-c)] + \theta[(x-a)\,da+(z-c)\,dc+rdr]^2 = 0.$$

Cette équation peut se transformer en

$$[r^2-n^2(K'-c)^2][r^2\theta^2-(K-\gamma)^2(K'-c)^2]\left\{dy-\frac{\theta^2 y-(y-\beta)(K-\gamma)(K'-c)}{r^2\theta^2-(K-\gamma)^2(K'-c)^2}[(x-a)da+(z-c)\,dc+rdr]\right\}^2$$
$$=\frac{(K'-c)^2[n^2\theta^2-(K-\gamma)^2]R^2}{r^2\theta^2-(K-\gamma)^2(K'-c)^2}[(x-a)\,da+(z-c)\,dc+rdr]^2;$$

d'où

$$dy-[(x-a)\,da+(z-c)\,dc+rdr]\frac{\theta^2 y-(y-\beta)(K-\gamma)(K'-c)}{r^2\theta^2-(K-\gamma)^2(K'-c)^2}$$
$$=\frac{(K'-c)R\sqrt{n^2\theta^2-(K-\gamma)^2}}{\sqrt{r^2\theta^2-(K-\gamma)^2(K'-c)^2}}[(x-a)\,da+(z-c)\,dc+rdr],$$

et de là

$$-\frac{r^2\theta^2-(K-\gamma)^2(K'-c)^2}{R\left\{\sqrt{r^2-n^2(K'-c)^2}\,[\theta^2 y-(y-\beta)(K-\gamma)(K'-c)]+R(K'-c)\sqrt{n^2\theta^2-(K-\gamma)^2}\right\}}\,dy$$
$$\pm\frac{[ada+(c-\gamma)\,dc][\theta^2+\beta y-\beta^2-(K-\gamma)(K'-c)]}{R[a^2+(c-\gamma)^2]\sqrt{r^2-n^2(K'-c)^2}}-\frac{(K-\gamma)\,dc}{R\sqrt{r^2-n^2(K'-c)^2}}$$
$$\mp\frac{(c-\gamma)\,da-adc}{[a^2+(c-\gamma)^2]\sqrt{r^2-n^2(K'-c)^2}}=0.$$

Nous retrouvons les mêmes termes, à cela près que les deux termes en dy se sont fondus en un seul. L'identité se vérifie en constatant que l'on a

$$\frac{1}{\sqrt{r^2-n^2(K'-c)^2}\,[\theta^2 y-(y-\beta)(K-\gamma)(K'-c)]+R(K'-c)\sqrt{n^2\theta^2-(K^2-\gamma)^2}}$$
$$=\frac{\sqrt{r^2-n^2(K'-c)^2}\,[\theta^2 y-(y-\beta)(K-\gamma)(K'-c)]-R(K'-c)\sqrt{n^2\theta^2-(K-\gamma)^2}}{\Theta\{r^2\theta^2-(K-\gamma)^2(K'-c)^2\}}.$$

89. N'ayant pas, comme on le voit, une équation différentielle qui se présente dans des conditions analogues à celles qui se sont rencontrées au chapitre II, ou dans le cas précédent du chapitre III, nous allons traiter les équations mêmes du § 85 par une voie moins directe, en faisant dépendre la question des résultats obtenus au chapitre II (2ᵉ cas).

Les premières sphères ont des points communs donnés par

$$x=0, \quad z=K, \quad y=\pm\sqrt{2K_1-K^2};$$

les secondes des points donnés par

$$y=0 \quad z=K', \quad x=\pm\sqrt{2K_2-K'^2}.$$

Vu que l'on a

$$K'^2-2K_2=(K'-K)^2+2K_1-K^2,$$
$$K^2-2K_1=(K-K')^2+2K_2-K'^2,$$

si $2K_1-K^2$ est >0, il s'ensuit $2K_2-K'^2<0$, et vice versâ; mais on peut avoir à la fois $2K_1-K^2<0$ et $2K_2-K'^2<0$. D'après quoi, quand les points communs sont réels dans l'une des séries de sphères, ils sont imaginaires dans l'autre, mais ils peuvent être imaginaires de part et d'autre.

90. Supposons que les premières sphères aient leurs points communs réels. Transportons l'origine en celui de ces points dont les coordonnées sont

$$x=0, \quad z=K, \quad y=\sqrt{2K_1-K^2},$$

Les premières équations (1) et (2) deviendront

$$x_1^2+y_1^2+z_1^2-2ax_1+2y_1\sqrt{2K_1-K^2}+2z_1(K-c)=0, \quad x_1^2+y_1^2+2y_1\left(\sqrt{2K_1-K^2}-\beta\right)$$
$$+2z_1(K-\gamma)+\left(\sqrt{2K_1-K^2}-\beta\right)^2+(K-\gamma)^2-\theta^2=0.$$

Faisons une transformation par rayons vecteurs réciproques, en posant

$$x_1 = \frac{MX}{X^2+Y^2+Z^2}, \quad y_1 = \frac{MY}{X^2+Y^2+Z^2}, \quad z_1 = \frac{MZ}{X^2+Y^2+Z^2};$$

la première équation se change en

$$\frac{M}{2} - aX + Y\sqrt{2K_1 - K^2} + Z(K-c) = 0,$$

la seconde en

$$X^2+Y^2+Z^2+2M\frac{\sqrt{2K_1-K^2}-\beta}{(\sqrt{2K_1-K^2}-\beta)^2+(K-\gamma)^2-\theta^2}Y$$

$$+2M\frac{K-\gamma}{(\sqrt{2K_1-K^2}-\beta)^2+(K-\gamma)^2-\theta^2}Z+\frac{M^2}{(\sqrt{2K_1-K^2}-\beta)^2+(K-\gamma)^2-\theta^2}=0.$$

Cherchons le lieu des centres des sphères représentées par cette dernière équation. On a pour ce centre

$$X=0,\ Y=-M\frac{\sqrt{2K_1-K^2}-\beta}{(\sqrt{2K_1-K^2}-\beta)^2+(K-\gamma)^2-\theta^2},$$

$$Z=-M\frac{K-\gamma}{(\sqrt{2K_1-K^2}-\beta)^2+(K-\gamma)^2-\theta^2};$$

d'où

$$X=0,\quad \frac{\sqrt{2K_1-K^2}-\beta}{Y}=\frac{K-\gamma}{Z}=\frac{(\sqrt{2K_1-K^2}-\beta)^2+(K-\gamma)^2-\theta^2}{-M}$$

$$=\frac{2\sqrt{2K_1-K^2}\,(\sqrt{2K_1-K^2}-\beta)-2(K'-K)(K-\gamma)}{-M}$$

$$=\frac{0}{-M-2\sqrt{2K_1-K^2}\,Y+2(K'-K)Z},$$

de sorte que, pour le lieu des centres

$$X=0,\ Y\sqrt{2K_1-K^2}-(K'-K)Z+\frac{M}{2}=0.$$

Les plans en lesquels se sont transformées les premières sphères ont un point commun donné par

$$X=0,\quad Z=0,\quad Y=-\frac{M}{2\sqrt{2K_1-K^2}}.$$

Ce point appartient à la droite que nous venons de trouver.

Portons-y l'origine; il viendra pour l'équation des plans

$$-aX_1+Y_1\sqrt{2K_1-K^2}+Z_1(K-c)=0,$$

et pour celle des sphères

$$X_1^2+Y_1^2+Z_1^2+MY_1\frac{(K'-K)(K-\gamma)}{K_1-K_2-\beta\sqrt{2K_1-K^2}+(K'-K)\gamma}+MZ_1\frac{K-\gamma}{K_1-K_2-\beta\sqrt{2K_1-K^2}+(K'-K)\gamma}$$

$$+M^2\frac{K_1-K_2+\beta\sqrt{2K_1-K^2}+(K'-K)\gamma}{4(2K_1-K^2)\left[K_1-K_2-\beta\sqrt{2K_1-K^2}+(K'-K)\gamma\right]}=0.$$

Faisons maintenant tourner l'axe des Y_1 et celui du Z_1 de façon que le nouvel axe des Z soit la droite qui est le lieu des centres des secondes sphères; les formules de transformation seront

$$X_1=X_2,\quad Y_1=\frac{Y_2\sqrt{2K_1-K^2}+(K'-K)Z_2}{\sqrt{K'^2-2K_2}},\qquad Z_1=\frac{-Y_2(K'-K)+Z_2\sqrt{2K_1-K^2}}{\sqrt{K'^2-2K_2}},$$

et les deux équations deviendront

$$\frac{a\sqrt{K'^2-2K_2}}{(K'-c)\sqrt{2K_1-K^2}}X_2-\frac{K_1-K_2+(K'-K)c}{(K'-c)\sqrt{2K_1-K^2}}Y_2=Z_2,$$

$$X_2^2+Y_2^2+\left(Z_2+\frac{M}{2}\frac{\sqrt{K'^2-2K_2}}{\sqrt{2K_1-K^2}}\frac{K-\gamma}{K_1-K_2-\beta\sqrt{2K_1-K^2}+(K'-K)\gamma}\right)^2$$

$$-\frac{M^2}{4}\frac{0^2}{\left[K_1-K_2-\beta\sqrt{2K_1-K^2}+(K'-K)\gamma\right]^2}=0.$$

91. Les équations relatives au 3e cas, ch. II, s'écrivant comme il suit :

$$a'x+b'y=z,\qquad x^2+y^2+(z-\gamma')^2=0'^2,$$

$$a'p+b'q+1=-m'\sqrt{1+p^2+q^2},\qquad -px-qy+z-\gamma'=\frac{\gamma'}{m'}\sqrt{1+p^2+q^2},$$

et l'intégrale qui s'y rapporte étant,

supposé $\qquad m'^2<1,$

$$V = \mp \frac{1}{\sqrt{1-m'^2}} \operatorname{arc\,tg} \frac{z\sqrt{a'^2+b'^2+1-m'^2}}{\sqrt{1-m'^2}\,(b'x-a'y)} + \frac{1}{\sqrt{1-m'^2}} \operatorname{arc\,tang} \frac{m'^2(z-\gamma')+\gamma'}{\sqrt{1-m'^2}\,\sqrt{m'^2\theta'^2-\gamma'^2}}$$

$$-\int \frac{d\gamma'}{\sqrt{m'^2\theta'^2-\gamma'^2}} \pm \int \frac{b'da'-a'db'}{(a'^2+b'^2)\sqrt{a'^2+b'^2+1-m'^2}} = 0,$$

les équations qui précèdent s'identifient aux premières, si l'on pose

$$a' = \frac{a\sqrt{K'^2-2K_2}}{(K'-c)\sqrt{2K_1-K^2}}, \quad b' = -\frac{K_1-K_2+(K'-K)c}{(K'-c)\sqrt{2K_1-K^2}}, \quad \gamma' = -\frac{M}{2}\frac{\sqrt{K'^2-2K_2}}{\sqrt{2K_1-K^2}}$$

$$\frac{K-\gamma}{K_1-K_2-\beta\sqrt{2K_1-K^2}+(K'-K)\gamma}, \quad \theta'^2 = \frac{M^2}{4}\frac{\theta^2}{[K_1-K_2-\beta\sqrt{2K_1-K^2}+(K'-K)\gamma]^2},$$

et l'on aura pour l'intégrale correspondante

$$V_2 = \mp \frac{1}{\sqrt{1-m'^2}} \operatorname{arc\,tang} \frac{Z_2\sqrt{a'^2+b'^2+1-m'^2}}{\sqrt{1-m'^2}(b'X_2-a'Y_2)}$$

$$+\frac{1}{\sqrt{1-m'^2}} \operatorname{arc\,tang} \frac{m'^2(Z_2-\gamma')+\gamma'}{\sqrt{1-m'^2}\sqrt{m'^2\theta'^2-\gamma'^2}} - \int \frac{d\gamma'}{\sqrt{m'^2\theta'^2-\gamma'^2}} \pm \int \frac{b'da'-a'db'}{(a'^2+b'^2)\sqrt{a'^2+b'^2+1-m'^2}} = 0.$$

92. On sait que dans la transformation par rayons vecteurs réciproques, l'angle sur lequel se coupent deux surfaces en un point ne change pas. C'est pourquoi l'on a

$$\cos(\theta, N) = \cos(\theta', N')$$

ou

$$\frac{\gamma'}{m'\theta'} = \frac{\gamma-K}{n\theta}, \quad \text{d'où} \quad m' = \frac{n\theta\gamma'}{\theta'(\gamma-K)} = \frac{n\sqrt{K'^2-2K_2}}{\sqrt{2K_1-K^2}};$$

par suite il vient

$$1-m'^2 = \frac{2K_1-K^2-n^2(K'^2-2K_2)}{2K_1-K^2}, \quad a'^2+b'^2 = \frac{a^2(K'^2-2K_2)+[K_1-K_2+(K'-K)c]^2}{(K'-c)^2\,(2K_1-K^2)},$$

$$a'^2+b'^2+1-m'^2 = \frac{K'^2-2K_2}{2K_1-K^2}\,\frac{r^2-n^2(K'-c)^2}{(K'-c)^2},$$

$$m'^2\theta'^2-\gamma'^2 = \frac{M^2}{4}\,\frac{K'^2-2K_2}{2K_1-K^2}\,\frac{n^2\theta^2-(K-\gamma)^2}{[K_1-K_2-\beta\sqrt{2K_1-K^2}+(K'-K)\gamma]^2},$$

$$\frac{d\gamma'}{\sqrt{m'^2\theta'^2-\gamma'^2}}=-\frac{\sqrt{2K_1-K^2}}{\sqrt{n^2\theta^2-(K-\gamma)^2}}\frac{(\beta-\sqrt{2K_1-K^2})d\gamma+(K-\gamma)\,d\beta}{[K_1-K_2-\beta\sqrt{2K_1-K^2}+(K'-K)\gamma]},$$

$$\frac{b'da'-a'db'}{(a'^2+b'^2)\sqrt{a'^2+b'^2+1-m'^2}}$$

$$=(K'-c)\frac{\sqrt{2K_1-K^2}}{\sqrt{r^2-n^2(K'-c)^2}}\frac{(K'-K)\,[adc-(c-\gamma)\,da]-[(K'-K)\,\gamma+K_1-K_2]\,da}{a^2(K'^2-2K_2)+[K_1-K_2+(K'-K)\,c]^2}.$$

Mais d'autre part on a

$$Z_2=\frac{(K'-K)\,Y_1+\sqrt{2K_1-K^2}Z_1}{\sqrt{K'^2-2K_2}}=\frac{(K'-K)\,Y+\sqrt{2K_1-K^2}\,Z}{\sqrt{K'^2-2K_2}}+\frac{M}{2}\frac{K'-K}{\sqrt{K'^2-2K_2}\,\sqrt{2K_1-K^2}}$$

$$=\frac{M}{2}\frac{(K'-K)\,[x^2+y^2+(z-K)^2]+(2z-K'-K)\,(2K_1-K^2)}{\sqrt{K'^2-2K_2}\,\sqrt{2K_1-K^2}\,\left[x^2+\left(y-\sqrt{2K_1-K^2}\right)^2+(z-K)^2\right]}$$

$$=\frac{M}{2}\frac{\beta y\,(K'-K)+(z-K')\,[(K'-K)\,\gamma+K_1-K_2]}{\sqrt{K'^2-2K_2}\,\sqrt{2K_1-K^2}\left[\beta y+(K-\gamma)\,(K'-z)-y\sqrt{2K_1-K^2}\right]},$$

$$X_2=\frac{M}{2}\frac{x}{\beta y+(K-\gamma)(K'-z)-y\sqrt{2K_1-K^2}},$$

$$Y_2=\frac{M}{2}\frac{\beta y+(K'-\gamma)(K'-z)-(K'^2-2K_2)}{\sqrt{K'^2-2K_2}\left[\beta y+(K-\gamma)\,(K'-z)-y\sqrt{2K_1-K^2}\right]}.$$

Il en résulte

$$b'X_2-a'Y_2=-\frac{M}{2}\frac{a\,[\beta y+(K-\gamma)\,(K'-z)-(K'^2-2K_2)]+x\,[K_1-K_2+(K'-K)c]}{(K'-c)\sqrt{2K_1-K^2}\left[\beta y+(K-\gamma)(K'-z)-y\sqrt{2K_1-K^2}\right]},$$

$$\frac{Z_2\sqrt{a'^2+b'^2+1-m'^2}}{\sqrt{1-m'^2}(b'X_2-a'Y_2)}$$

$$=-\frac{\sqrt{r^2-n^2(K'-c)^2}}{\sqrt{2K_1-K^2-n^2(K'^2-2K_2)}}\frac{\beta y\,(K'-K)-(K'-z)\,[(K'-K)\,\gamma+K_1-K_2]}{a\,[\beta y+(K'-\gamma)(K'-z)-(K'^2-2K_2)]+x\,[K_1-K_2+(K'-K)c]},$$

$$\frac{m'^2(Z_2-\gamma)+\gamma'}{\sqrt{1-m'^2}\,\sqrt{m'^2\theta'^2-\gamma'^2}}=\frac{1}{\sqrt{n^2\theta^2-(K-\gamma)^2}}$$

$$\left(\begin{array}{c} n^2\dfrac{\left[K_1-K_2+(K'-K)\,\gamma-\beta\sqrt{2K_1-K^2}\right]\left[\beta y(K'-K)-(K'-z)\{K_1-K_2+(K'-K)\,\gamma\}\right]}{\sqrt{2K_1-K^2}\sqrt{2K_1-K^2-n^2(K'^2-2K_2)}\left[\beta y+(K-\gamma)\,(K'-z)-y\sqrt{2K_1-K^2}\right]} \\ -\dfrac{(K-\gamma)\sqrt{2K_1-K^2-n^2(K'^2-2K_2)}}{\sqrt{2K_1-K^2}} \end{array}\right)$$

D'après cela, nous avons pour l'intégrale

$$V_2 = \pm \frac{1}{\sqrt{2K_1 - K^2 - n^2(K'^2 - 2K_2)}} \text{ arc tang } \frac{\sqrt{r^2 - n^2(K'-c)^2}}{\sqrt{2K_1 - K^2 - n^2(K'^2 - 2K_2)}}$$

$$\frac{\beta y(K'-K) - (K'-z)[(K'-K)\gamma + K_1 - K_2]}{a[\beta y + (K'-\gamma)(K'-z) - (K'^2 - 2K_2)] + x[K_1 - K_2 + (K'-K)c]}$$

$$+ \frac{1}{2\sqrt{2K_1 - K^2 - n^2(K'^2 - 2K_2)}} \text{ arc tang } \frac{1}{\sqrt{n^2\theta^2 - (K-\gamma)^2}}$$

$$\left\{ n^2 \frac{\left[K_1 - K_2 + (K'-K)\gamma - \beta\sqrt{2K_1 - K^2}\right]\left[\beta y(K'-K) - (K'-z)\{K_1 - K_2 + (K'-K)\gamma\}\right]}{\sqrt{2K_1 - K^2}\sqrt{2K_4 - K^2 - n^2(K'^2 - 2K_2)}\left[\beta y + (K-\gamma)(K'-z) - y\sqrt{2K_1 - K^2}\right]} - \frac{(K-\gamma)\sqrt{2K_1 - K^2 - z^2(K'^2 - 2K_2)}}{\sqrt{2K_1 - K^2}} \right\}$$

$$+ \int \frac{(\beta - \sqrt{2K_1 - K^2})\,d\gamma + (K-\gamma)\,d\beta}{\sqrt{n^2\theta^2 - (K-\gamma)^2}\left[K_1 - K_2 + (K'-K)\gamma - \beta\sqrt{2K_1 - K^2}\right]}$$

$$\pm \int \frac{K'-c}{\sqrt{r^2 - n^2(K'-c)^2}} \frac{(K'-K)[a\,dc - (c-\gamma)\,da] - [K_1 - K_2 + (K'-K)\gamma]\,da}{a^2(K'^2 - 2K_2) + [K_1 - K_2 + (K'-K)c]^2} = 0.$$

93. Cette expression de V_2 dépend de $\sqrt{2K_1 - K^2}$ par le 2e et le 3e termes. Si l'origine se portait d'abord au second point commun aux premières sphères, le signe de ce radical changerait. De là une nouvelle expression de V_2, ou plutôt une nouvelle équation équivalant à la précédente. En prenant leur demi-somme, on obtient

$$V = \pm \frac{1}{\sqrt{2K_1 - K^2 - n^2(K'^2 - 2K_2)}} \text{ arc tang } \frac{\sqrt{r^2 - n^2(K'-c)^2}}{\sqrt{2K_1 - K^2 - n^2(K'^2 - 2K_2)}}$$

$$\frac{\beta y(K'-K) - (K'-z)[K_1 - K_2 + (K'-K)\gamma]}{a[\beta y + (K'-\gamma)(K'-z) - (K'^2 - 2K_2)] + x[K_1 - K_2 + (K'-K)c]}$$

$$+ \frac{1}{2} \frac{1}{\sqrt{2K_1 - K^2 - n^2(K'^2 - 2K_2)}} \text{ arc tang. . . . .}$$

$$+ \int \frac{[\beta\,d\gamma + (K-\gamma)\,d\beta[K_1 - K_2 + \gamma(K'-K)] - \beta(2K_1 - K^2)\,d\gamma}{\sqrt{n^2\theta^2 - (K-\gamma)^2}\left\{[K_1 - K_2 - \gamma(K'-K)]^2 - \beta^2(2K_1 - K^2)\right\}}$$

$$\pm \int \frac{K'-c}{\sqrt{r^2 - n^2(K'-c)^2}} \frac{(K'-K)[a\,dc - (c-\gamma)\,da] - [K_1 - K_2 + \gamma(K'-K)]\,da}{a^2(K'^2 - 2K_2) + [K_1 - K_2 + (K'-K)c]^2} = 0.$$

L'avant-dernier terme peut là se mettre sous la forme

$$+\int \frac{K-\gamma}{\sqrt{n^2\theta^2-(K-\gamma)^2}} \frac{-\beta(K'-K)d\gamma+[K_1-K_2+(K'-K)\gamma]\,d\beta}{[K_1-K_2+\gamma(K'-K)]^2-\beta^2(2K_1-K^2)}$$

et le dernier est

$$\pm\int \frac{K'-c}{\sqrt{r^2-n^2(K'-c)^2}} \frac{adc(K'-K)-[K_1-K_2+c(K'-K)]\,da}{[K_1-K_2+c(K'-K)]^2-a^2(2K_2-K'^2)},$$

94. Vu la symétrie des équations (1) et (2), nous obtiendrons, par le changement

de $x, y, z,\quad a, c, r,\quad n, K', K_1$

en $y, x, z,\quad \beta, \gamma, \theta,\quad \frac{1}{n}, K, K_2$ et *vice versâ*,

une intégrale équivalente à celle-là, à savoir

$$V'=\pm\frac{1}{\sqrt{2K_1-K^2-n^2(K'^2-2K_2)}} \text{ arc tang } \frac{\sqrt{n^2\theta^2-(K-\gamma)^2}}{\sqrt{2K_1-K^2-n^2(K'^2-2K_2)}}$$
$$\frac{ax(K-K')-(K-z)[K_2-K_1+(K-K')c}{\beta[ax+(K-c)(K-z)-(K^2-2K_1)]+y[K_2-K_1+\gamma(K-K')]}$$
$$+\frac{1}{2}\frac{1}{\sqrt{2K_1-K^2-n^2(K'^2-2K_2)}} \text{ arc tang.....}$$
$$+\int \frac{K'-c}{\sqrt{r^2-n^2(K'-c)^2}} \frac{adc(K'-K)-[K_1-K_2+(K'-K)c]da}{[K_1-K_2+(K'-K)c]^2-a^2(2K_2-K'^2)}$$
$$\pm\int \frac{K-\gamma}{\sqrt{n^2\theta^2-(K-\gamma)^2}} \frac{-\beta d\gamma(K'-K)+[K_1-K_2+\gamma(K'-K)]\,d\beta}{[K_1-K_2+\gamma(K'-K)]^2-\beta^2(2K_1-K^2)}.$$

95. Prenons les signes supérieurs dans V et V' : dans le passage de V à V', les derniers termes se changent l'un dans l'autre; il doit donc en être de même des deux premiers. Par conséquent le second terme de V est le premier de V'; ce qui donne

$$V=\frac{1}{\sqrt{2K_1-K^2-n^2(K'^2-2K_2)}} \text{ arc tang } \frac{\sqrt{r^2-n^2(K'-c)^2}}{\sqrt{2K_1-K^2-n^2(K'^2-2K_2)}}$$
$$\frac{\beta y(K'-K)-(K'-z)[K_1-K_2+(K'-K)\gamma]}{a[\beta y+(K'-\gamma)(K'-z)-(K'^2-2K_2)]+x[K_1-K_2+(K'-K)c}$$

$$+\frac{1}{\sqrt{2_1K-K^2-n^2(K'^2-2K_2)}}\operatorname{arc\,tang}\frac{\sqrt{n^2\theta^2-(K-\gamma)^2}}{\sqrt{2K_1-K^2-n^2(K'^2-2K_2)}}$$
$$\frac{ax(K-K')-(K-z)[K_2-K_1+(K-K')c]}{\beta[ax+(K-c)(K-z)-(K^2-2K_1)]+y[K_2-K_1+(K-K')\gamma]}$$
$$+\int\frac{K'-c}{\sqrt{r^2-n^2(K'-c)^2}}\,\frac{a(K'-K)\,dc-[K_1-K_2+(K'-K)\,c]\,da}{[K_1-K_2+K'-K)c]^2-a^2(2K_2-K'^2)}$$
$$+\int\frac{K-\gamma}{\sqrt{n^2\theta^2-(K-\gamma)^2}}\,\frac{-d\gamma\,(K'-K)\beta+[K_1-K_2+(K'-K)\gamma]\,d\beta}{[K_1-K_2+\gamma(K'-K)]^2-\beta^2(2K_1-K^2)}=0.$$

Dans cette intégrale, les deux radicaux $\sqrt{r^2-n^2(K'-c)^2}$, $\sqrt{n^2\theta^2-(K-\gamma)^2}$ sont susceptibles chacun d'un signe quelconque.

En raison de ce que

$$ax+c(z-K)+K_1=\beta y+\gamma(z-K')+K_2,$$

on aura encore

$$V=\operatorname{arc\,tang} r_1\frac{P}{D}+\operatorname{arc\,tang}\rho_1\frac{P'}{D'}+\int\frac{K'-c}{r_1}\,\frac{a(K'-K)\,dc-[K_1-K_2+(K'-K)c]\,da}{[K_1-K_2+(K'-K)c]^2-a^2(2K_2-K'^2)}$$
$$+\int\frac{K-\gamma}{\rho_1}\,\frac{\beta(K-K')\,d\gamma-[K_2-K_1+(K-K')\gamma]\,d\beta}{[K_2-K_1+(K-K')\gamma]^2-\beta^2(2K_1-K^2)}=0;$$

en faisant

$$\begin{aligned}
P&=ax(K'-K)-(K-z)[K_1-K_2+(K'-K)c],\\
P'&=\beta y(K-K')-(K'-z)[K_2-K_1+(K-K')\gamma],\\
D&=a[ax+(K-z)(K'-c)]+x[K_1-K_2+(K'-K)c],\\
D'&=\beta[\beta y+(K'-z)(K-\gamma)]+y[K_2-K_1+(K-K')\gamma];
\end{aligned}$$

de sorte que $\quad P+P'=0,$

et
$$r_1=\sqrt{\frac{r^2-n^2(K'-c)^2}{2K_1-K^2-n^2(K'^2-2K_2)}},\qquad \rho_1=\sqrt{\frac{\theta^2-\frac{1}{n^2}(K-\gamma)^2}{2K_2-K'^2-\frac{1}{n^2}(K^2-2K_1)}}.$$

Comme, d'après les formules du § 86, on doit avoir $r^2-n^2(K'-c)^2>0$, $\theta^2-\frac{1}{n^2}(K-\gamma)^2>0$, l'intégrale précédente convient au cas où l'on a

$$2K_1-K^2-n^2(K'^2-2K_2)>0.$$

S'il en est autrement, l'intégrale se changera en

$$V = \frac{1}{2}l \pm \frac{Pr'_1 - D}{Pr'_1 + D} + \frac{1}{2}l \pm \frac{P'r'_1 - D'}{P'r'_1 + D'} + \int \frac{K' - c}{r'_1} \frac{a(K' - K)\,dc - [K_1 - K_2 + (K' - K)c]\,da}{[K_1 - K_2 + (K' - K)c]^2 - a^2(2K_2 - K'^2)}$$
$$+ \int \frac{K - \gamma}{\rho'_1} \frac{\beta(K - K')\,d\gamma - [K_2 - K_1 + (K - K')\gamma]\,d\beta}{[K_2 - K_1 + (K - K')\gamma]^2 - \beta^2(2K_1 - K^2)},$$

en posant

$$r' = \sqrt{\frac{r'^2 - n^2(K' - c)^2}{-2K_1 + K^2 + n^2(K'^2 - 2K_2)}}, \quad \rho'_1 = \sqrt{\frac{\theta^2 - \frac{1}{n^2}(K - \gamma)^2}{-2K_2 + K'^2 + \frac{1}{n^2}(K^2 - 2K_1)}}.$$

96. Pour terminer nous ferons remarquer que les équations (1) et (2), quand on passe aux surfaces parallèles, deviennent

$$(x' - a)^2 + y'^2 + (z' - c)^2 = a^2 + c^2 - 2c(K - Nn) + 2(K_1 - K'Nn) + N^2,$$
$$-p(x' - a) - qy' + z' - c = n\left[c - \left(K' - \frac{N}{n}\right)\right]\sqrt{1 + p^2 + q^2},$$
$$x'^2 + (y' - \beta)^2 + (z' - \gamma)^2 = \beta^2 + \gamma^2 - 2\gamma\left(K' - \frac{N}{n}\right) + 2\left(K_2 - K\frac{N}{n}\right) + N^2,$$
$$-px' - q(y' - \beta) + z' - \gamma = \frac{1}{n}[\gamma - (K - Nn)]\sqrt{1 + p^2 + q^2}.$$

Si l'on pose

$$H = K - Nn, \quad 2H_1 = 2(K_1 - K'Nn) + N^2,$$
$$H' = K' - \frac{N}{n}, \quad 2H_2 = 2\left(K_2 - K\frac{N}{n}\right) + N^2,$$

il s'ensuit

$$(x' - a)^2 + y'^2 + (z' - c)^2 = a^2 + c^2 - 2cH + 2H_1 = r'^2,$$
$$-p(x' - a) - qy' + z' - c = n(c - H')\sqrt{1 + p^2 + q^2},$$
$$x'^2 + (y' - \beta)^2 + (z' - \gamma)^2 = \beta^2 + \gamma^2 - 2\gamma H' + 2H_2 = \theta'^2,$$
$$-px' - q(y' - \beta) + z' - \gamma = \frac{1}{n}(\gamma - H)\sqrt{1 + p^2 + q^2};$$

de sorte que pour passer d'une surface pour laquelle les constantes sont

$$n, \quad K, \quad K', \quad K_1, \quad K_2$$

à une surface parallèle qui en soit à la distance N, il n'y aura qu'à remplacer ces constantes par

$$n, \quad H, \quad H', \quad H_1, \quad H_2$$

dans l'intégrale V, en tenant compte de leurs valeurs précédentes.

Vu et approuvé,
Le 16 avril 1868,
LE DOYEN DE LA FACULTÉ DES SCIENCES,
MILNE EDWARDS.

Vu
et permis d'imprimer,
Le 17 avril 1868,
LE VICE-RECTEUR DE L'ACADÉMIE DE PARIS,
A. MOURIER.

Paris. — Imprimé par E. THUNOT et Cᵉ, rue Racine, 26.

DEUXIÈME THÈSE

POINTS

D'INFLEXION ET POINTS STEINER

DANS LES LIGNES DU TROISIÈME ORDRE

CHAPITRE PREMIER

Sur les points d'inflexions dans les lignes du troisième ordre.

1. Soit $u = 0$ l'équation générale d'une ligne du 3ᵉ ordre. Les points d'inflexion de cette ligne seront déterminés par cette équation et par l'équation de Hesse

$$H = \begin{vmatrix} \frac{d^2u}{dx^2} & \frac{d^2u}{dxdy} & \frac{d^2u}{dxdz} \\ \frac{d^2u}{dydx} & \frac{d^2u}{dy^2} & \frac{d^2u}{dydz} \\ \frac{d^2u}{dzdx} & \frac{d^2u}{dzdy} & \frac{d^2u}{dz^2} \end{vmatrix} = 0,$$

qui est également du 3ᵉ degré, et représente ainsi une seconde ligne du 3ᵉ ordre.

Si la ligne u n'a ni point double, ni point de rebroussement, les points de rencontre des deux lignes seront sur la première de simples points d'inflexion, au nombre de neuf généralement, réels ou imaginaires. Le nombre en sera moindre, s'il en est qui soient passés à l'infini.

S'il existe un point double sur la ligne u, ce point sera aussi un point double sur la ligne H, et les deux lignes y auront les mêmes tangentes. En conséquence le point sera à compter pour six parmi les points de rencontre. En n'estimant pas le point double parmi les points d'inflexion, leur nombre sera donc réduit à trois.

Si la ligne u a un point de rebroussement, la ligne H aura en ce point la même tangente double, et il y passera une troisième branche de cette courbe, de sorte que le point équivaudra à huit points de rencontre. Alors, en ne le comptant pas, il n'y a plus sur la ligne u qu'un seul point d'inflexion.

Sur une ligne algébrique, un point d'inflexion ordinaire est pour la tangente menée à la courbe en ce point, un point triple de rencontre avec la courbe. La tangente en tout point d'inflexion d'une ligne du 3e ordre ne rencontre donc la courbe en aucun autre point.

Soient $\alpha = 0$, $\beta = 0$ les équations de deux droites distinctes qui se coupent, réelles ou imaginaires. Les coordonnées x et y pourront s'estimer en fonction de α et de β, et toute fonction u entière en x et en y pourra se transformer en une fonction entière du même degré de α et de β. Soit considérée sous cette forme l'équation d'une courbe algébrique d'ordre quelconque; on aura

$$\begin{aligned} 0 = u = a_0 &+ b_0\alpha + c_0\alpha^2 + d_0\alpha^3 + \ldots \text{ etc}\ldots \\ &+ b_1\beta + c_1\alpha\beta + d_1\alpha^2\beta \\ &\qquad + c_2\beta^2 + d_2\alpha\beta^2 \\ &\qquad\qquad + d_3\beta^3. \end{aligned}$$

Si le point ($\alpha = 0$, $\beta = 0$) appartient à la courbe, le terme a_0 sera nul, et la tangente en ce point sera donnée par

$$b_0\alpha + b_1\beta = 0,$$

quand b_0 et b_1 ne seront pas nuls à la fois.

Le point sera double si l'on a à la fois

$$a_0 = 0, \quad b_0 = 0, \quad b_1 = 0,$$

sans que c_0, c_1, c_2 soient nuls à la fois, et les tangentes y seront alors déterminées par l'équation

$$c_0\alpha^2 + c_1\alpha\beta + c_2\beta^2 = 0,$$

et ainsi de suite.

Supposons que le point (α, β) soit un simple point d'inflexion, et que la tangente y ait pour équation $\alpha = 0$. Si l'on fait $\alpha = 0$ dans l'équation $u = 0$, il s'ensuivra une équation en β qui aura trois racines nulles et trois seulement; on aura donc

$$b_0 \gtrless 0, \quad b_1 = 0, \quad c_2 = 0, \quad \text{et} \quad d_3 \gtrless 0,$$

ce qui fait

$$\begin{aligned} u = b_0\alpha &+ c_0\alpha^2 + d_0\alpha^3 + \ldots \\ &+ c_1\alpha\beta + d_1\alpha^2\beta \ldots \\ &\qquad + d_2\alpha\beta^2 \ldots \\ &\qquad + d_3\beta^3 \ldots, \end{aligned}$$

c'est-à-dire

$$u = \alpha P + \beta^3 Q;$$

P et Q désignant des fonctions entières de α et de β qui ne s'annulent pas quand on y fait $\alpha = 0$, $\beta = 0$.

S'il s'agit d'une ligne du 3ᵉ degré, l'équation sera donc

$$\alpha P = \beta^3.$$

Par l'équation $P = 0$, on aura une conique ne coupant la courbe qu'en ses points de rencontre avec la droite $\beta = 0$.

Si la droite $\beta = 0$ passe en un second point d'inflexion de la ligne, où la tangente ait pour équation $\alpha' = 0$, on aura de même pour l'équation de la courbe

$$\alpha' P' + \beta^3.$$

Il s'ensuivra

$$\alpha' P = \alpha' P';$$

ce qui sera une identité; sans quoi, le lieu étant donné par cette nouvelle équation, la droite $\alpha = 0$ n'en serait plus une tangente en un point d'inflexion. Il faut en conséquence que P soit le produit de α' par un autre facteur α'' du premier degré. L'équation sera alors de la forme

$$\alpha\alpha'\alpha'' = \beta^3,$$

de sorte que le point ($\alpha'' = 0$, $\beta = 0$) sera lui-même un point d'inflexion.

Donc la droite qui joint deux points d'inflexion d'une ligne du 3ᵉ degré passe par un troisième point d'inflexion.

Nous donnerons à une pareille droite le nom d'axe d'inflexion.

DU NOMBRE DES AXES D'INFLEXION ET DE LEUR DISPOSITION.

2. Les points d'inflexion étant au nombre de 9, trois par trois sur un axe, on aura les axes qui passent par chacun d'eux, en les joignant à chacun des huit autres, et tous les axes en opérant ainsi sur tous les points tour à tour. Mais en joignant un point aux huit autres on tracera deux fois les axes qui y passent; donc, les axes qui rayonnent de chaque point sont au nombre de quatre. En

considérant tour à tour les axes qui émanent des neuf points, on aura 36 droites, mais chacune reproduite trois fois. Le nombre des axes d'inflexion différents est en conséquence égal à 12.

Soient I, I', I'' les trois points d'inflexion que contient un axe. Sur les douze axes, il s'en trouve deux qui ne passent par aucun de ces points. Car si l'on considère tour à tour les quatre axes qui rayonnent de chacun d'eux, on aura dix droites distinctes, l'axe II' I'' se trouvant pris trois fois. Désignons par I_1, I'_1, I''_1, les points situés sur l'un de ces deux axes qui ne renferment aucun des trois premiers points; il y aura également deux axes ne contenant aucun de ces nouveaux points, l'un d'eux sera l'axe II' I'', l'autre sera le second axe qui ne comprend aucun des premiers points, et sur lui se trouveront les trois derniers points d'inflexion I_2, I'_2, I''_2.

A chacun des axes on peut donc en associer deux autres sur lesquels sont répartis les six points qu'il ne contient pas. Il en résulte $\frac{12}{3} = 4$ systèmes de trois axes n'ayant aucun point d'inflexion commun.

Chacun de ces systèmes constitue une ligne du 3e degré passant par les neuf points d'inflexion, et peut en conséquence (voir la note I) être représentée par l'équation

$$u + kH = 0.$$

Il s'ensuit qu'il y a quatre déterminations de K, telles que par chacune d'elles cette équation

$$u + kH = 0$$

représente le système de trois droites.

3. On sait que lorsque la ligne donnée par $u = 0$, quelle que soit cette équation, comprend des lignes droites, la ligne H comprend les mêmes droites. Si la ligne donnée par $u = 0$ est le système de trois droites, il en est donc de même de la ligne H. Pour établir ici à quelles conditions l'équation $u + KH = 0$ représente un système de trois droites, il n'y a donc qu'à établir les conditions d'après lesquelles cette équation est équivalente à l'équation Hessienne qui s'y rapporte.

Dans son traité des courbes planes, page 182, § 196 et 197, Salmon donne les valeurs des coefficients de H en fonction des coefficients de u; elles en sont des fonctions du 3e degré. Les équations de condition dont il s'agit, qui s'ensuivent, sont réductibles à trois. Quand on substitue dans l'une de ces équations, à la place des coefficients de u, ceux de $u+KH$, on obtient une équation du 4e degré en K.

Un moyen, paraissant plus direct, d'avoir les conditions requises pour que l'équation $u=0$ représente le système de trois droites, serait de former l'équation du système des asymptotes et d'établir que les deux équations représentent la même ligne. Comme les termes du 3e et du 2e degrés sont les mêmes dans les deux équations, il en résulterait immédiatement trois équations de condition. Mais celles que l'on obtient ainsi sont du 5e degré, par rapport aux coefficients de u, elles ne sont pas aussi simples que celles auxquelles on est conduit par l'autre voie et ne conviendraient pas pour notre objet.

L'équation en K du 4e degré a deux racines réelles et deux racines imaginaires. L'une des racines réelles est telle que par elle la fonction $u+KH$ est le produit de trois facteurs réels du premier degré; par l'autre cette fonction devient le produit d'un facteur réel et de deux facteurs imaginaires conjugués; puis chaque racine imaginaire donne trois facteurs imaginaires, et comme ces racines sont conjuguées, les facteurs qui leur correspondent sont respectivement conjugués.

Nous ne pouvons ici démontrer ces faits immédiatement, mais ils ressortiront sans peine de développements analytiques ultérieurs.

Nous nous bornerons pour le moment à faire remarquer que les quatre valeurs de K ne peuvent être imaginaires. Comme la ligne u ne comprend aucune droite, hypothèse implicitement faite, les deux polynômes u et H n'ont pas de facteur du premier degré commun, les facteurs du premier degré de $u+KH$ sont donc tous imaginaires quand une valeur de K est imaginaire. Or les 12 facteurs qui répondent aux quatre valeurs de K ne peuvent être imaginaires à la fois. Il y a en effet des axes d'inflexion qui sont réels, puisque tel est l'axe de deux points réels ou de deux points imaginaires conjugués.

DE L'ÉQUATION $u=0$ SOUS LA FORME $A^3+B^3+C^3-3hABC=0$.

4. Nous avons établi que si $\alpha=0$, $\beta=0$, $\gamma=0$ sont les équations des tangentes en trois points d'inflexion situés sur un même axe ($A=0$), l'équation de la courbe peut se mettre sous la forme

$$\alpha\beta\gamma = A^3,$$

et réciproquement.

A cette forme se rattache une autre, non moins remarquable :

$$A^3 + B^3 + C^3 - 3hABC = 0.$$

Considérons en effet cette dernière équation, en la mettant sous la forme

$$(hA)^3 + B^3 + C^3 - 3(hA)BC = (h^3 - 1)A^3;$$

on voit, eu égard à une propriété connue de la fonction $a^3+b^3+c^3-3abc$, qu'elle revient à

$$(hA + B + C)(hA + Bj + Cj^2)(hA + Bj^2 + Cj) = (h^3 - 1)A^3;$$

j désignant l'une des racines cubiques imaginaires de l'unité. Elle représentera donc le même lieu que l'équation $\alpha\beta\gamma = A^3$, si l'on a

$$\begin{aligned} hA + B + C &= m\alpha, \\ hA + Bj + Cj^2 &= n\beta, \\ hA + Bj^2 + Cj &= p\gamma, \\ mnp &= h^3 - 1, \end{aligned}$$

m, n, p étant trois nouvelles constantes.

De là on tire

$$hA = \frac{m\alpha + n\beta + p\gamma}{3},$$

$$B = \frac{m\alpha + n\beta j^2 + p\gamma j}{3},$$

$$C = \frac{m\alpha + n\beta j + p\gamma j^2}{3}.$$

Si les trois droites $\alpha=0$, $\beta=0$, $\gamma=0$ ne se coupent pas au même point, c'est-à-dire si γ n'est pas une fonction linéaire homogène de α et de β, on peut exprimer A sous la forme

$$A = a\alpha + b\beta + c\gamma,$$

et l'on aura ici a, b, c différents de zéro. Ce sont des constantes que nous pouvons supposer connues, étant données α, β, γ, A.

Il s'ensuivra

$$m = 3ah, \quad n = 3bh, \quad p = 3ch,$$
$$27h^3abc = h^3 - 1;$$

d'où

$$h^3 = \frac{1}{1 - 27abc} \gtrless 1.$$

Ainsi pour déterminer la forme d'équation

$$A^3 + B^3 + C^3 - 3hABC = 0,$$

nous avons les relations

$$h^3 = \frac{1}{1 - 27abc},$$
$$A = a\alpha + b\beta + c\gamma, \quad B = h(a\alpha + b\beta j^2 + c\gamma j), \quad C = h(a\alpha + b\beta j + c\gamma j^2).$$

Les trois valeurs de h résultant de $h^3 = \frac{1}{1 - 27abc}$ reviennent à une seule, car si h se change en hj, les valeurs de B et de C deviennent Bj, Cj^2, l'équation de la courbe reste la même.

Remarquons qu'on ne peut avoir à la fois $A = 0$, $B = 0$, $C = 0$, à moins qu'on n'ait à la fois $\alpha = 0$, $\beta = 0$, $\gamma = 0$, puisque l'on a

$$\begin{vmatrix} a, & b, & c, \\ ha, & hbj^2, & hcj, \\ ha, & hbj, & hcj^2, \end{vmatrix} = abch^2(j^2 - j).$$

Si les points d'inflexion où les tangentes sont les droites α, β, γ sont réels, les fonctions désignées par α, β, γ sont réelles, ainsi que A, par suite les coefficients a, b, c et le facteur h le sont aussi. Mais les fonctions B et C sont alors imaginaires conjuguées. Pour qu'elles fussent réelles, il les faudrait égales; il faudrait pour cela avoir identiquement $b\beta = c\gamma$, par suite $A = a\alpha + 2b\beta$, ce qui n'est pas, puisque la droite A détermine les points d'inflexion avec les droites α, β, γ.

5. Soit considérée l'équation de la courbe u sous cette forme

$$A^3 + B^3 + C^3 - 3hABC = 0.$$

Comme on l'a vu, la droite A passe par trois points d'inflexion I, I', I'' où les tangentes ont pour équations

$$hA + B + C = 0, \quad hA + Bj + Cj^2 = 0, \quad hA + Bj^2 + Cj = 0.$$

Vu la symétrie de l'équation, la droite B contient également trois points d'inflexion où les tangentes sont données par

$$hB + C + A = 0, \quad hB + Cj + Aj^2 = 0, \quad hB + Cj^2 + Aj = 0,$$

et la droite C trois points d'inflexion où les tangentes sont données par

$$hC + A + B = 0, \quad hC + Aj + Bj^2 = 0, \quad hC + Aj^2 + Bj = 0.$$

Les points situés sur A sont en conséquence déterminés par les systèmes d'équations

$$\begin{cases} A = 0 \\ B + C = 0, \end{cases} \quad \begin{cases} A = 0 \\ B + Cj = 0, \end{cases} \quad \begin{cases} A = 0 \\ Bj + C = 0; \end{cases}$$

les points situés sur B le sont par

$$\begin{cases} B = 0 \\ C + A = 0, \end{cases} \quad \begin{cases} B = 0 \\ C + Aj = 0, \end{cases} \quad \begin{cases} B = 0 \\ Cj + A = 0, \end{cases}$$

et les points situés sur C par

$$\begin{cases} C = 0 \\ A + B = 0, \end{cases} \quad \begin{cases} C = 0 \\ A + Bj = 0, \end{cases} \quad \begin{cases} C = 0 \\ Aj + B = 0. \end{cases}$$

Ce sont là des points différents, ce sont donc les 9 points d'inflexion de la ligne et ils sont répartis par trois sur les axes d'inflexion A, B, C.

6. L'équation hessienne, déduite de cette forme d'équation

$$A^3 + B^3 + C^3 - 3hABC = 0,$$

est

$$\begin{vmatrix} 6A, & -3hC, & -3hB \\ -3hC, & 6B, & -3hA \\ -3hB, & -3hA, & 6C \end{vmatrix} = 0, \quad \text{ou} \quad \begin{vmatrix} 2A, & -hC, & -hB \\ -hC, & 2B, & -hA \\ -hB, & -hA, & 2C \end{vmatrix} = 0;$$

ce qui donne

$$A^3 + B^3 + C^3 - \frac{4 - h^3}{h^2} ABC = 0;$$

elle est de même forme que la proposée. Mais elle en est distincte, tant que h est différent de 1. En soustrayant les deux équations l'une de l'autre, il vient

$$ABC = 0,$$

pour un système de droites passant par les points d'inflexion : c'est le résultat précédemment établi.

7. On déduit immédiatement du tableau d'équations qui déterminent ci-dessus les 9 points d'inflexion un second système de droites comprenant les 9 points.

Les points auxquels sont relatives les équations de la première colonne, sont situés sur la droite qui a pour équation

$$A + B + C = 0,$$

ceux auxquels se rapportent les équations de la seconde colonne sur la droite

$$A + Bj + Cj^2 = 0,$$

et ceux qui concernent les équations de la troisième colonne sur la droite

$$A + Bj^2 + Cj = 0.$$

Le système de ces trois axes a pour équation

$$(A + B + C)(A + Bj + Cj^2)(A + Bj^2 + Cj) = A^3 + B^3 + C^3 - 3ABC = 0.$$

D'après cela, l'équation

$$A^3 + B^3 + C^3 - 3hABC = 0,$$

donne par $h = \infty$, et $h = 1$, deux systèmes d'axes comprenant les 9 points d'inflexion.

Si h vient à varier, l'équation ne sera qu'une combinaison linéaire des équations de ces deux systèmes, la ligne passera donc par les mêmes points d'inflexion, et les aura pour ses points d'inflexion. En particulier la ligne $H = 0$ a les mêmes points d'inflexion que la ligne u ; il en sera de même de la ligne donnée par $H(H) = 0$, et ainsi de suite.

8. Il n'est pas moins aisé d'obtenir les équations des deux autres systèmes d'axes comprenant tous les points d'inflexion.

Les points donnés par

$$\begin{cases} A=0 \\ B+C=0, \end{cases} \quad \begin{cases} B=0 \\ C+Aj=0; \end{cases} \quad \begin{cases} C=0 \\ Aj+B=0 \end{cases}$$

sont situés sur la droite

$$Aj+B+C=0.$$

De même les points

$$\begin{cases} B=0 \\ C+A=0, \end{cases} \quad \begin{cases} C=0 \\ A+Bj=0, \end{cases} \quad \begin{cases} A=0 \\ C+Bj=0 \end{cases}$$

le sont sur la droite

$$Bj+C+A=0,$$

et les points

$$\begin{cases} C=0 \\ A+B=0, \end{cases} \quad \begin{cases} A=0 \\ B+Cj=0, \end{cases} \quad \begin{cases} B=0 \\ A+Cj=0 \end{cases}$$

sur la droite

$$Cj+A+B=0.$$

Ce sont là trois axes dont le système a pour équation

$$A^3+B^3+C^3-3jABC=0.$$

Si dans les mêmes équations on change j en j^2 soit pour les points, soit pour les droites, on aura les axes du quatrième système, et l'équation de ce système sera

$$A^3+B^3+C^3-3j^2ABC=0.$$

9. Soient I, I', I'' les points que porte l'axe A, I_1, I'_1, I''_1 ceux de l'axe B et I_2, I'_2, I''_2 ceux de C.

Estimons que I, I_1, I_2 sont les points situés sur l'axe $A+B+C=0$, I', I'_1, I'_1 les points situés sur l'axe $A+Bj+Cj^2=0$, et I'', I''_1, I''_2 les points situés sur l'axe $A+Bj^2+Cj=0$.

Alors les points de l'axe

$$Aj+B+C \qquad \text{sont} \qquad I\ I'_1\ I''_2$$

ceux de l'axe

$$Bj+C+A \qquad \text{»} \qquad I_1\ I'_2\ I''$$

ceux de l'axe

$$Cj+A+B \qquad \text{»} \qquad I_2\ I'\ I''_1$$

Pareillement les points de l'axe

$$Aj^2 + B + C \quad \text{sont} \quad I\,I'_2\,I''_1$$

de l'axe

$$Bj^2 + C + A \quad \text{»} \quad I_1\,I'\,I''_2$$

de l'axc

$$Cj^2 + A + B \quad \text{»} \quad I_2\,I'_1\,I''$$

de sorte que les quatre systèmes d'axes portant les 9 points sont composés :

$$\text{le premier des droites} \begin{cases} I\,I'\,I'' \\ I_1\,I'_1\,I_1'' \\ I_2\,I'_2\,I''_2 \end{cases} \qquad \text{le second des droites} \begin{cases} I\,I_1\,I_2 \\ I'\,I'_1\,I'_2 \\ I''\,I''_1\,I''_2 \end{cases}$$

$$\text{le troisième des droites} \begin{cases} I\,I'_1\,I''_2 \\ I_1\,I'_2\,I'' \\ I_2\,I'\,I''_1 \end{cases} \quad \text{et le quatrième des droites} \begin{cases} I\,I'_2\,I''_1 \\ I_1\,I'\,I''_2 \\ J_2\,I'_1\,I'' \end{cases}$$

10. Si les fonctions **A**, **B**, **C** ou les droites du premier système sont réelles, la première du second système l'est aussi, mais les deux autres du second système sont imaginaires, et conjuguées. Puis les droites du troisième système sont imaginaires toutes trois, ainsi que celles du quatrième, celles-ci conjuguées des précédentes.

D'après cela, si une valeur réelle de K fait de $u + kH$ le produit de trois facteurs réels, la seconde valeur réelle de K en fera le produit de deux facteurs imaginaires conjugués et d'un facteur réel. Les deux autres valeurs de K ne pourront être qu'imaginaires, et comme elles seront conjuguées, les facteurs répondant à l'une seront conjugués des facteurs qui correspondent à l'autre.

Il est donc établi que sur les douze axes d'inflexion, il n'y en a pas plus de quatre qui soient réels, si ceux d'un même système peuvent être réels à la fois. Nous pouvons en conclure qu'il y a au moins six points d'inflexion imaginaires.

D'abord, puisqu'il y a des axes imaginaires, il y a des points d'inflexion qui le sont aussi. Soit I un point imaginaire. Considérons les quatre axes qui partent de ce point. L'un d'eux passe au point conjugué de I, il est donc réel, il s'y trouve un troisième point également réel. Aucun des trois autres axes ne peut être réel; chacun d'eux contient donc, outre le point I, deux points imaginaires qui ne sont ni conjugués entre eux, ni l'un ni l'autre conjugué au point I. Mais aux trois points imaginaires situés ainsi sur l'un des trois axes, il en correspond trois autres qui leur sont conjugués. Il y a donc pour le moins six points imaginaires deux à deux conjugués, de sorte qu'il s'en trouve soit trois de réels, soit un seul.

Voyons s'il est possible qu'un seul point d'inflexion I soit réel. S'il en est ainsi, l'axe de deux points imaginaires conjugués étant réel, il y aura quatre axes réels provenant des quatre couples de points conjugués; chacun d'eux contenant un troisième point réel, ils concourront en I, ils seront les quatre axes partant de ce point, à savoir $II'I''$, II_1I_2, $II_1'I_2''$, $II_2'I_1''$. Quant aux autres axes, ils seront tous imaginaires; par exemple sur les axes $II'I''$, $I'I_1'I_2'$, $I_2I'I''$, $I_1I'I_2''$ passant en I' le premier seul sera réel. Les quatre systèmes d'axes seront donc composés chacun d'une droite réelle partant du point I et de deux droites imaginaires conjuguées l'une de l'autre. Les valeurs de K seront en conséquence toutes réelles, puisque chacune donnera un facteur réel et deux facteurs conjugués. Or les équations des quatre systèmes de droites sont, comme on l'a vu,

$$ABC=0,\quad A^3+B^3+C^3-3ABC=0,\quad A^3+B^3+C^3-3jABC=0,\quad A^3+B^3+C^3-3j^2ABC=0.$$

Si le facteur A est réel, que B et C soient imaginaires conjugués, les deux premières équations sont réelles, elles correspondent à deux valeurs de K réelles. Mais les deux autres équations sont imaginaires, elles ne peuvent donc provenir de valeurs de K qui soient réelles.

Donc l'hypothèse qu'un seul point d'inflexion soit réel n'est pas admissible. Il y a par conséquent trois points réels et six points imaginaires.

L'axe de deux points d'inflexion réels comprend le troisième. Il répond à une valeur de K réelle; les deux autres axes répondant à la même valeur de K sont imaginaires conjuguées, comprenant, l'un trois points imaginaires, l'autre les trois points qui leur sont conjugués. Soient $A=0$, $B=0$, $C=0$, les équations de ces trois axes. L'équation $A^3+B^3+C^3-3ABC=0$ d'un second système sera réelle, elle proviendra d'une seconde valeur de K réelle. Mais cette équation se subdivise en les trois équations

$$A+B+C=0,\qquad A+Bj+Cj^2=0,\qquad A+Bj^2+Cj=0$$

qui sont ici réelles. La valeur de K dont il s'agit donne lieu en conséquence à trois facteurs réels.

Les équations des deux autres systèmes

$$A^3+B^3+C^3-3jABC=0,\qquad A^3+B^3+C^3-3j^2ABC=0,$$

sont imaginaires et conjuguées l'une de l'autre. Elles correspondent donc à deux valeurs de K imaginaires et conjuguées.

Ainsi se trouvent établis les résultats annoncés à l'égard de l'équation en K.

DES DIFFÉRENTES MANIÈRES D'AVOIR L'ÉQUATION $u=0$ SOUS LA FORME

$$A^3+B^3+C^3-3hABC=0.$$

11. Nous avons déduit l'équation $A^3+B^3+C^3-3\,h\,ABC=0$ de l'équation $\alpha\beta\gamma=A^3$, en ce qu'elle n'est autre chose que

$$(hA+B+C)(hA+Bj+Cj^2)(hA+Bj^2+Cj)=(h^3-1)A^3.$$

Proposons-nous d'obtenir les formes du même genre qui correspondent aux trois systèmes d'axes autres que le système A, B, C.

Nous avons établi comme équations des axes d'un second système

$$A_1=A+B+C=0,\qquad B_1=A+Bj+Cj^2=0,\qquad C_1=A+Bj^2+Cj=0.$$

Or l'on a

$$A_1^3+B_1^3+C_1^3=3(A^3+B^3+C^3)+18ABC,\qquad A_1B_1C_1=A^3+B^3+C^3-3ABC,$$

ce qui donne

$$A_1^3+B_1^3+C_1^3-3h'A_1B_1C_1=3(1-h')\left(A^3+B^3+C^3-3\,\frac{h'+2}{h'-1}\,ABC\right)$$

L'équation de la courbe sera donc

$$A_1^3+B_1^3+C_1^3-3h'A_1B_1C_1=0,$$

si l'on pose

$$h=\frac{h'+2}{h'-1},\qquad \text{ou}\qquad h'=\frac{h+2}{h-1},\ hh'-(h+h')-2=0.$$

De même les équations d'un troisième système d'axes étant

$$\begin{aligned}A_2&=Aj+B+C=0,\\ B_2&=Bj+C+A=0,\\ C_2&=Cj+A+B=0,\end{aligned}$$

l'on a

$$A_2^3+B_2^3+C_2^3=3(A^3+B^3+C^3)+18\,ABCj, \quad \text{et} \quad A_2\,B_2\,C_2=j\,(A^3+B^3+C^3-3ABCj),$$

d'où

$$A_2^3+B_2^3+C_2^3-3h''\,A_2\,B_2\,C_2=3\,(1-h''j)\left(A^3+B^3+C^3-3\,\frac{2j+h''j^2}{h''j-1}\,ABC\right)=0$$

pour l'équation de la courbe, si l'on pose

$$\frac{2j+h''j^2}{h''j-1}=h, \qquad \text{ou} \qquad h''=\frac{h+2j}{hj-j^2},$$

c'est-à-dire

$$hh''-(hj^2+h''j)-2=0.$$

Pour le quatrième système, les équations étant

$$A_3=Aj^2+B+C=0, \quad B_3=Bj^2+C+A=0, \quad C_3=Cj^2+A+B=0,$$

on a également

$$A_3^3+B_3^3+C_3^3-3h'''\,A_3\,B_3\,C_3=3\,(1-h'''j^2)\left(A^3+B^3+C^3-3\,\frac{h'''j+2j^2}{h'''j^2-1}ABC\right)=0$$

pour équation de la courbe, moyennant

$$h'''=\frac{2j^2+h}{hj^2-j} \qquad \text{ou} \qquad hh'''-(hj+h'''j^2)-2=0.$$

12. Quand on a obtenu une racine de l'équation en K, et qu'on a résolu en facteurs du premier degré la valeur correspondante de l'expression $u+KH$, il n'y a plus que des équations du premier degré à résoudre pour déterminer tous les points et les axes d'inflexion.

Soient α, β, γ les facteurs de $u+KH$, pour une valeur connue de K. Si m, n, p, q désignent des constantes convenables, on aura identiquement

$$A^3+B^3+C^3-3hABC=qu,$$
$$A=m\alpha, \quad B=n\beta, \quad C=p\gamma,$$

par conséquent,

$$m^3\alpha^3+n^3\beta^3+p^3\gamma^3-3hmnp\alpha\beta\gamma=qu.$$

En égalant les coefficients des termes semblables en x et en y, on aura des équations du premier degré pour déterminer $m^3, n^3, p^3, hmnp, q$. A la valeur de m^3 il correspondra pour m trois valeurs $\mu, \mu j, \mu j^2$, il en sera de même pour n et p. En associant de toutes manières ces valeurs, on trouve par les unes une même valeur de h, par d'autres le produit de cette valeur et de j, et le produit par j^2. Il en résulte la même équation

$$A^3 + B^3 + C^3 - 3hABC = 0.$$

Cette équation obtenue, on en déduira comme on l'a vu, les formes

$$A_1^3 + B_1^3 + C_1^3 - 3h_1 A_1 B_1 C_1 = 0,$$
$$A_2^3 + B_2^3 + C_2^3 - 3h_2 A_2 B_2 C_2 = 0,$$
$$A_3^3 + B_3^3 + C_3^3 - 3h_3 A_3 B_3 C_3 = 0.$$

Les valeurs de K s'ensuivront immédiatement. Par exemple en faisant

$$u + K_1 H = q_1 A_1 B_1 C_1,$$

on aura une identité qui donnera des équations du premier degré pour déterminer K_1 et q_1.

Les points et les axes d'inflexion seront d'ailleurs, d'après les développements précédents, immédiatement fixés.

CAS SINGULIER OU L'ÉQUATION DU 3me DEGRÉ N'EST PAS SUSCEPTIBLE DE LA FORME $A^3 + B^3 + C^3 - 3hABC = 0$.

13. L'équation $A^3 + B^3 + C^3 - 3hABC = 0$ n'a été déduite de l'équation $\alpha\beta\gamma = A^3$ qu'à une condition, c'est que les trois tangentes α, β, γ ne concourent pas en un même point.

Nous avons donc encore à reconnaître ce que sont les points et les axes d'inflexion lorsque cette condition n'est pas remplie.

Soit considérée l'équation $u = A^3 - 3\alpha\beta\gamma = 0$, lorsque l'on a $A = m\alpha + n\beta + 1$ et $\gamma = p\alpha + q\beta$, de sorte que

$$u = A^3 - 3\alpha\beta\gamma = (m\alpha + n\beta + \upsilon)^3 + 3\alpha\beta(p\alpha + q\beta),$$

$\upsilon = 1$ n'étant introduit que pour l'homogénéité.

L'équation de Hesse pourra se prendre sous la forme

$$H = \begin{vmatrix} \frac{d^2u}{d\alpha^2} & \frac{d^2u}{d\alpha d\beta} & \frac{d^2u}{d\alpha d\upsilon} \\ \frac{d^2u}{d\beta d\alpha} & \frac{d^2u}{d\beta^2} & \frac{d^2u}{d\beta d\upsilon} \\ \frac{d^2u}{d\upsilon d\alpha} & \frac{d^2u}{d\upsilon d\beta} & \frac{d^2u}{d\upsilon^2} \end{vmatrix} = 0,$$

de là

$$H = \begin{vmatrix} m^2A - p\beta, & mnA - \gamma, & mA \\ mnA - \gamma, & n^2A - q\alpha, & nA \\ mA, & nA, & A \end{vmatrix} = \begin{vmatrix} -\beta p & -\gamma & m \\ -\gamma & -\alpha q & n \\ 0 & 0 & 1 \end{vmatrix} A = (pq\alpha\beta - \gamma^2)A = 0.$$

Les points d'inflexion sont donnés par

$$A = 0 \quad \text{et} \quad \alpha\beta\gamma = 0,$$

puis par

$$pq\alpha\beta - \gamma^2 = 0 \quad \text{et} \quad A^3 - 3\alpha\beta\gamma = 0.$$

L'équation $pq\alpha\beta - \gamma^2 = 0$ donne $q\beta = jp\alpha$, $q\beta = j^2p\alpha$; on en déduit les 9 points d'inflexion par les couples d'équation qui suivent :

$$\text{I, I', I''} \quad \begin{cases} A = 0 \\ \alpha = 0, \end{cases} \qquad \begin{cases} A = 0 \\ \beta = 0, \end{cases} \qquad \begin{cases} A = 0 \\ \gamma = 0, \end{cases}$$

$$\text{I}_1, \text{I}'_1, \text{I}''_1 \quad \begin{cases} q\beta = p\alpha j \\ A + \alpha\left(\frac{3p^2}{q}\right)^{\frac{1}{3}} = 0, \end{cases} \qquad \begin{cases} q\beta = p\alpha j \\ A + \alpha j\left(\frac{3p^2}{q}\right)^{\frac{1}{3}} = 0, \end{cases} \qquad \begin{cases} q\beta = p\alpha j^2 \\ A + \alpha j^2\left(\frac{3p^2}{q}\right)^{\frac{1}{3}} = 0, \end{cases}$$

$$\text{I}_2, \text{I}'_2, \text{I}''_2 \quad \begin{cases} q\beta = p\alpha j^2 \\ A + \alpha\left(\frac{3p^2}{q}\right)^{\frac{1}{3}} = 0, \end{cases} \qquad \begin{cases} q\beta = p\alpha j^2 \\ A + \alpha j^2\left(\frac{3p^2}{q}\right)^{\frac{1}{3}} = 0, \end{cases} \qquad \begin{cases} q\beta = p\alpha j^2 \\ A + \alpha j^2\left(\frac{3p^2}{q}\right)^{\frac{1}{3}} = 0. \end{cases}$$

14. Nous avons là un premier système d'axes ayant pour équations

$$A = 0, \quad q\beta = p\alpha j, \quad q\beta = p\alpha j^2.$$

Les deux seconds axes de ce système concourent avec les tangentes aux points d'inflexion situés sur le premier.

Les axes d'un second système II_1I_2, $\text{I}'\text{I}'_1\text{I}'_2$, $\text{I}''\text{I}''_1\text{I}''_2$ sont donnés par les équations

$$A + \alpha\left(\frac{3p^2}{q}\right)^{\frac{1}{3}} = 0, \quad A + \frac{q}{p}\beta\left(\frac{3p}{q}\right)^{\frac{1}{3}} = 0, \quad A - \gamma\left(\frac{3}{pq}\right)^{\frac{1}{3}} = 0,$$

ceux d'un troisième, $II'_1\ I''_2$, $I_1\ I'_2\ I''$, $I_2\ I'\ I''_1$ le sont par

$$A + \alpha j \left(\frac{3p^2}{q}\right)^{\frac{1}{3}} = 0, \quad A - \frac{j}{p}\left(\frac{3p^2}{q}\right)^{\frac{1}{3}}(p\alpha + q\beta) = 0, \quad A + \frac{q\beta}{p} j \left(\frac{3p^2}{q}\right)^{\frac{1}{3}} = 0,$$

et ceux du quatrième, $II'_2\ I''_1$, $I_1\ I'\ I''_2$, $I_2\ I'_1\ I''$ le sont par

$$A + \alpha j^2 \left(\frac{3p^2}{q}\right)^{\frac{1}{3}}, \quad A + \frac{q\beta}{p} j^2 \left(\frac{3p^2}{q}\right)^{\frac{1}{3}} = 0, \quad A - \frac{j^2\gamma}{p}\left(\frac{3p^2}{q}\right)^{\frac{1}{3}} = 0.$$

Il est aisé de reconnaître que dans chaque système, les tangentes à la courbe aux trois points situés sur un axe concourent avec les deux autres axes du système.

Si les trois points d'inflexion I, I', I'' situés sur l'axe A sont réels, les trois points I_1, I'_1, I''_1, d'après les équations qui les déterminent, sont imaginaires, et les trois points I_2, I'_2, I''_2 leur sont conjugués.

Le cas singulier qui nous occupe n'étant, après tout, qu'un cas limite du cas général, il s'y trouve au moins trois points d'inflexion réels. On vient de voir qu'il n'y en a pas davantage. Donc dans ce cas les points d'inflexion réels sont également au nombre de trois, et les points imaginaires conjugués deux à deux au nombre de six.

15. Le point de concours des tangentes à la courbe aux trois points situés sur un axe est un point tel que la polaire conique correspondante consiste comme droite double en cet axe même.

En effet, l'équation de la courbe étant $A^3 - 3\alpha\beta\gamma = 0$, celle de la polaire conique d'un point $(\alpha_1, \beta_1, \gamma_1)$ est

$$A^2 A_1 - \beta\gamma\alpha_1 - \gamma\alpha\beta_1 - \alpha\beta\gamma_1 = 0;$$

pour le point de concours ($\alpha_1 = 0$, $\beta_1 = 0$, $\gamma_1 = 0$), cette équation devient

$$A^2 A_1 = 0, \qquad \text{ou} \qquad A^2 = 0.$$

En cherchant ce qu'est la polaire conique du point de rencontre de deux axes d'un même système, on pourra donc décider si l'on est ou non dans le cas singulier qui vient de nous occuper.

CHAPITRE II

Des points Steiner.

16. Le célèbre géomètre J. Steiner, dans un mémoire lu à l'Académie de Berlin le 27 novembre 1845, a signalé l'existence sur une ligne du troisième ordre de 27 points en chacun desquels la courbe peut avoir avec une conique un contact du cinquième ordre. Un extrait de cette communication est inséré dans le journal de mathématiques pures et appliquées, publié par M. Liouville (tome XI, 1846).

Je me propose dans les pages qui vont suivre, en m'appuyant sur les considérations qui viennent d'être présentées, de traiter des propriétés de ces points avec plus de détails ou de précision que Steiner ne paraît l'avoir fait; on verra qu'il s'est glissé quelques inexactitudes dans les résultats qu'il indique.

Désignons par P une fonction entière en x et en y du second degré, par L et M deux fonctions du premier degré. L'équation

$$MP + L^3 = 0$$

sera celle d'une ligne du troisième degré ayant avec la conique qui a pour équation

$$P = 0$$

un point de rencontre sextuple, si l'équation $L = 0$ est celle d'une tangente à la conique, c'est-à-dire, si l'on a

$$P = L\alpha - \beta^2,$$

α et β étant deux fonctions du premier degré.

La droite $M = 0$ sera une tangente à la courbe du troisième degré à sa rencontre avec la droite $L = 0$, et ce point, d'après la forme de l'équation, sera un point d'inflexion de cette ligne.

Les points de rencontre de la droite L avec la courbe sont, son point d'intersection avec la droite M, et son point de tangence sur la conique. Ce dernier point est à l'égard de la courbe comme à l'égard de la conique un point double.

17. Réciproquement, une ligne quelconque du troisième degré étant donnée par son équation $u = 0$, soit $M = 0$ l'équation de la tangente en l'un des neuf points d'inflexion, et soit $L = 0$ celle d'une tangente menée de ce point à la courbe; l'équation $u = 0$ pourra se mettre sous la forme

$$L^3 + kM(L\alpha - \beta^2) = 0$$

en disposant convenablement de l'indéterminée k et des fonctions du premier degré α et β.

En effet, quand on se donne ainsi un point d'inflexion, la tangente à la courbe en ce point, et une seconde tangente menée à la courbe par le même point, il ne reste plus dans l'équation générale que cinq paramètres à déterminer. Or, dans l'équation

$$L^3 + kM(L\alpha - \beta^2) = 0,$$

les paramètres indéterminés sont bien au nombre de cinq, à savoir le facteur k et quatre autres provenant de $L\alpha - \beta^2$.

La transformation opérée, on aura par l'équation

$$L\alpha - \beta^2 = 0$$

une conique ayant avec la courbe u un contact du cinquième ordre au point de tangence de la droite L.

Il ressort de là que les points de la courbe u en chacun desquels puisse passer une conique qui ne rencontre la courbe qu'en ce point sont les points de contact des tangentes menées à la courbe par les différents points d'inflexion.

18. On sait que la polaire conique relative à chaque point d'inflexion, première polaire relative à ce point, est le système de deux droites, dont l'une est la tangente au point d'inflexion, et l'autre l'axe harmonique du point par rapport aux points de rencontre de la courbe autres que le point d'inflexion avec les sécantes qui en sont issues. A chaque point d'inflexion, il correspond en conséquence trois des points que nous considérons (nous les dirons, pour abréger, des points Steiner). Puisqu'il y a neuf points d'inflexion, leur nombre est de 27.

Nous pouvons, comme l'a fait M. Serret dans son traité d'algèbre supérieure, nous rendre compte de l'existence des points Steiner, en nous appuyant sur la propriété des points d'inflexion que nous venons de rappeler.

Considérons trois sécantes issues d'un point d'inflexion I, les six autres points où elles coupent la courbe sont situés sur une conique, puisque les points conjugués harmoniques de I sur ces sécantes par rapport à ces points deux à deux appartiennent à une même droite. Mais si l'on fait tendre les trois sécantes vers une même position limite, qui soit une tangente à la courbe, la conique aura une position limite qui sera une conique ayant le point de tangence pour point sextuple de rencontre avec la courbe.

L'équation de la courbe se prenant sous la forme

$$L^3 + kM(L\alpha - \beta^2) = 0,$$

l'équation de la première polaire pour un point $(x_1 \; y_1 \; z_1)$ est

$$3L^2L_1 + kM_1(L\alpha - \beta^2) + kM(L_1\alpha + L\alpha_1 - 2\beta\beta_1) = 0;$$

elle se réduit pour le point d'inflexion $(L_1 = 0, M_1 = 0)$ à

$$M(L\alpha_1 - 2\beta\beta_1) = 0,$$

c'est-à-dire que l'équation de l'axe harmonique relatif au point I est

$$L\alpha_1 - 2\beta\beta_1 = 0.$$

Cet axe se rapporte aussi à la conique osculatrice, c'est la polaire du point I à l'égard de cette conique, fait qui ressort immédiatement de la considération géométrique qui précède.

Les trois coniques qui correspondent à un même point d'inflexion I présentant ainsi pour ce point la même polaire, le point d'inflexion est le centre commun de trois couples de droites contenant chacun les points communs à deux de ces coniques.

DÉTERMINATION DES POINTS STEINER ET D'AUTRES POINTS QUI S'Y RATTACHENT AU MOYEN DE L'ÉQUATION $A^3 + B^3 + C^3 - 3hABC = 0$.

19. Supposons que les tangentes aux points d'inflexion de la courbe u situés sur un même axe ne concourent pas. L'équation de la courbe pourra se prendre sous la forme

$$A^3 + B^3 + C^3 - 3hABC = 0.$$

Considérons les points d'inflexion I, I_1, I_2 situés sur l'axe dont l'équation est

$$A + B + C = 0.$$

Le point I étant donné par $A=0$, $B+C=0$, l'équation de la première polaire correspondante est

$$B_1 (hA + B + C)(B - C) = 0;$$

comme la tangente de I est donnée par $hA+B+C=0$, l'axe harmonique l'est par

$$B - C = 0.$$

De même les deux axes qui correspondent aux points I_1, I_2 ont pour équations

$$C - A = 0,$$
$$A - B = 0.$$

Les trois axes harmoniques concourent donc en un point Q, pour lequel on a

$$A = B = C,$$

de sorte que ce point n'appartient pas à la courbe, vu que l'on a $h \gtrless 1$.

Il y a 12 points Q, puisqu'il en correspond un à chaque point d'inflexion. Ils sont déterminés par les équations suivantes :

Axes d'inflexion du 1er système,	$II'I''$	$A=0$	Points correspondants,	Q_1	$B=0, C=0$
	$I_1I_1'I_1''$	$B=0$		Q_2	$C=0, A=0$
	$I_2I_2'I_2''$	$C=0$		Q_3	$A=0, B=0$
2e système,	II_1I_2	$A+B+C=0$	»	Q_1'	$A=B=C$
	$I'I_1'I_2'$	$A+Bj+Cj^2=0$		Q_2'	$Aj=Bj^2=C$
	$I''I_1''I_2''$	$A+Bj^2+Cj=0$		Q_3'	$Aj^2=Bj=C$
3e système,	$II_1'I_2''$	$jA+B+C=0$	»	Q_1''	$Aj=B=C$
	$I_1I_2'I''$	$jB+C+A=0$		Q_2''	$Bj=C=A$
	$I_2I'I_1''$	$jC+A+B=0$		Q_3''	$Cj=A=B$
4e système,	$II_2'I_1''$	$j^2A+B+C=0$	»	Q_1'''	$Aj^2=B=C$
	$I_1I'I_2''$	$j^2B+C+A=0$		Q_2'''	$Bj^2=C=A$
	$I_2I_1'I''$	$j^2C+A+B=0$		Q_3'''	$Cj^2=A=B.$

On voit que sur l'axe A se trouvent les points Q_2, Q_3, sur B les points Q_3, Q_1, et sur C les points Q_1, Q_2, c'est-à-dire que les points Q_1, Q_2, Q_3 sont les sommets du triangle des axes d'inflexion A, B, C, respectivement opposés à ces côtés.

Il en est de même pour chaque système d'axes d'inflexion et de points Q correspondants.

Les trois points Q de chaque système sont distincts les uns des autres, puisque les trois axes d'inflexion correspondants forment un triangle.

Si les trois points d'inflexion réels sont I, I_1, I_2, les droites A, B, C, ainsi que la droite A+B+C sont réelles, et ces quatre axes d'inflexion sont les seuls qui soient réels. Il en résulte que les points Q_1, Q_2, Q_3 du premier système sont réels, ainsi que le point Q'_1 du second; mais les huit autres sont imaginaires. Dans le second système, les points Q'_2, Q'_3 sont conjugués, et les points du troisième système ont pour conjugués ceux du quatrième.

Les points Q de chaque système étant les sommets du triangle des trois axes d'inflexion correspondants sont les points doubles du système de ces trois axes.

Donc quand l'équation $u+\mathrm{KH}=0$, par une détermination convenable de K, représente un système de trois droites, les équations

$$\frac{du}{dx}+\mathrm{K}\frac{d\mathrm{H}}{dx}=0,\quad \frac{du}{dy}+\mathrm{K}\frac{d\mathrm{H}}{dy}=0,\quad \frac{du}{dz}+\mathrm{K}\frac{d\mathrm{H}}{dz}=0,$$

qui alors se réduisent à deux, déterminent les trois points Q qui correspondent aux axes d'inflexion déterminés par la valeur de K.

L'élimination de y entre ces équations donnera donc une équation du troisième degré en x. Celle de y et de K entre ces équations et l'équation du quatrième degré qui concerne K donnerait l'équation du douzième degré ayant pour racines les abscisses des 12 points Q.

Mais les points Q seront plus simplement déterminés par les équations qui précèdent, quand on aura fixé les valeurs de A, B, C de la manière qui a été indiquée.

Les quatre points Q qui sont réels présentent une dépendance géométrique qui permet de déduire l'un d'eux des trois autres.

Soit considéré le triangle dont les sommets sont Q_1, Q_2, Q_3; les côtés opposés à ces sommets sont les axes A, B, C. Les trois points d'inflexion réels I, I_1, I_2 sont les points de rencontre des côtés du triangle et du quatrième axe réel A+B+C.

Si l'on prend les points harmoniques conjugués de ces points d'inflexion par rapport aux côtés du triangle sur lesquels ils se trouvent, et qu'on joigne ces nouveaux points aux sommets opposés, on a trois droites concourant en un point qui est Q'_1.

20. Soient S, S', S'' les trois points Steiner qui correspondent au point d'inflexion I que déterminent les équations $A=0$, $B+C=0$.

La droite des trois points ayant pour équation $B-C=0$, l'on a pour ces points

$$B-C=0, \quad A^3+B^3+C^3-3hABC=0,$$

par conséquent

$$A^3+2B^3-3hAB^2=0,$$

ou

$$p^3-3hp+2=0,$$

en posant

$$A=Bp.$$

Les trois valeurs de p sont réelles si l'on a $h>1$; il n'y en a qu'une de réelle si l'on a $h<1$.

Donc les points d'inflexion réels étant I, I_1, I_2, les 9 points Steiner correspondants sont réels, quand la constante h est >1 ; mais il n'y en a que trois de réels, un pour chaque point d'inflexion quand cette constante est <1.

Les points Steiner qui correspondent à un point d'inflexion imaginaire sont imaginaires, car quand un pareil point est réel, la tangente à la courbe y est réelle, son second point de rencontre avec la courbe, le point d'inflexion où elle passe, est donc réel aussi.

21. Lorsque les fonctions A, B, C et la constante h sont connues, la détermination de tous les points S n'exige que la résolution de l'équation

$$p^3-3hp+2=0$$

et celle d'équations du premier degré.

Soient p, p_1, p_2 les trois racines de cette équation

$$p^3-3hp+2=0.$$

Les trois points S, S', S'' correspondants au point I sont donnés, comme on vient de le voir, par

$$\begin{array}{lll} B-C=0, & B-C=0, & B-C=0, \\ A=Bp, & A=Bp_1, & A=Bp_2. \end{array}$$

Les points correspondants à I_1 le seront par

$$C - A = 0 \quad \text{et} \quad 2A^3 + B^3 - 3hA^2B = 0,$$

par conséquent, par

$$\begin{array}{lll} C - A = 0, & C - A = 0, & C - A = 0, \\ B = Ap, & B = Ap_1, & B = Ap_2. \end{array}$$

Nous les désignons par S_1, S^1_1, S^2_1.

Les points correspondants à I_2 sont déterminés par

$$A - B = 0, \qquad C^3 - 3hB^2C + 2B^3 = 0,$$

c'est-à-dire par

$$\begin{array}{lll} A - B = 0, & A - B = 0, & A - B = 0, \\ C = Bp, & C = Bp_1, & C = Bp_2. \end{array}$$

Ces points se désigneront par S_2, S^1_2, S^2_2.

Puis les points correspondants à I' s'obtiennent par

$$\begin{array}{lll} B - Cj = 0, & B - Cj = 0, & B - Cj = 0, \\ A = Bpj, & A = Bp_1j, & A = Bp_2j, \end{array}$$

ils se désigneront par S', S'^1, S'^2;

les points correspondants à I'' par

$$\begin{array}{lll} B - Cj^2 = 0, & B - Cj^2 - 0, & B - Cj^2 = 0, \\ A = Bpj^2, & A - Bp_1j^2 = 0, & A = Bp_2j^2, \end{array}$$

ils se désigneront par S'', S''^1, S''^2; etc.

22. Deux points Steiner sont en ligne droite avec un point d'inflexion ou avec un troisième point Steiner.

La droite $S\,S_1$ a pour équation

$$A + B - (1 + p)\,C = 0;$$

elle passe donc au point I_2.

La droite $S\,S_1^1$ a pour équation

$$A\,(p_1 - 1) + B\,(p - 1) + C\,(1 - pp_1) = 0,$$

ce qui peut se transformer à cause de $1 - pp_1 = \dfrac{1 - p}{p_2} + \dfrac{1 - p_1}{p_2}$, en

$$(p_1 - 1)(Ap_2 - C) + (p - 1)(Bp_2 - C) = 0;$$

elle passe donc au point S_2^2. La droite $S\,S^2_1$ est donnée de même par

$$(p_2 - 1)(Ap_1 - C) + (p - 1)(Bp_1 - C) = 0,$$

elle passe au point S^1_2.

Puis la droite $S\,S_2$ ayant pour équation

$$A + C - B(1 + p) = 0$$

passe au point I_1.

D'après quoi, quand trois points d'inflexion tels que I, I_1, I_2 sont en ligne droite, les droites qui joignent un point S correspondant à l'un d'eux aux trois points qui correspondent à un second passent, l'un par le troisième point d'inflexion et les deux autres par deux des points S qui correspondent à ce troisième point d'inflexion, tandis que la droite qui le joint au troisième de ces derniers points passe par le second point d'inflexion.

Si deux points Steiner proviennent d'un même point d'inflexion, leur droite passe au troisième point S qui correspond au même point d'inflexion. Si les deux points correspondent à deux points d'inflexion différents, leur droite passe soit au point d'inflexion qui est en ligne droite avec ces deux-là, soit en un point S correspondant à ce dernier point d'inflexion.

Il suit de là que les droites qui joignent I_2 aux points S, S^1, S^2 se confondent avec celles qui le joignent aux points S_1, S_1^1, S_1^2 : c'est au reste ce qui résulte immédiatement de ce que I_2 est donné par $A + B = 0$, $C = 0$, et que par une permutation entre A et B on passe des premiers points aux seconds.

Ce fait que deux points Steiner sont en ligne droite avec un troisième ou avec un point d'inflexion, nous pouvons encore le rattacher au théorème qu'une ligne du troisième degré passant par huit des points communs à deux lignes de ce degré contient le neuvième. Les points S et S_1 correspondant en effet à deux points d'inflexion I et I_1, soit Σ le troisième point de rencontre de SS_1 avec la courbe. Considérons les tangentes en ces trois points S, S_1, Σ ; elles forment une ligne du troisième degré ayant avec la ligne u deux points d'intersection simples en I et I_1 et trois points doubles d'intersection aux points de contact, le neuvième est le point de sortie de la tangente en Σ. Mais la droite II_1 et la droite $SS_1\Sigma$ comme droite double forment une ligne du troisième degré qui passe par les huit premiers points. Donc la droite II_1 et la tangente en Σ concourent sur la courbe. C'est-à-dire que le point Σ est le point d'inflexion I_2 en ligne droite avec I et I_1 ou bien est un point Steiner correspondant à ce troisième point d'inflexion.

Le même fait d'ailleurs n'est qu'un cas particulier du théorème connu que si trois points a, b, c sont en ligne droite sur une ligne du troisième degré, et si a_1, a_2, a_3, a_4 puis b_1, b_2, b_3, b_4 et c_1, c_2, c_3, c_4 sont respectivement les points de contact des tangentes menées de ces points à la courbe, la droite joignant l'un des premiers points de contact à l'un des seconds passe par l'un des troisièmes.

DU NOMBRE DES DROITES QUI CONTIENNENT UN POINT D'INFLEXION ET DEUX POINTS STEINER ET DU NOMBRE DE CELLES QUI CONTIENNENT TROIS POINTS STEINER.

23. Par un point d'inflexion I_2 il passe quatre axes d'inflexion; si l'on considère l'un d'eux I_2 I_1 I et les points Steiner qui correspondent aux points I_1 et I, les droites qui joignent I_2 aux trois premiers points Steiner se confondent avec celles qui le joindront aux trois autres, comme on l'a vu. Ces droites seront différentes de celles du même genre relatives aux trois autres axes. Donc il y a $3 \times 4 = 12$ droites contenant le point d'inflexion I_2 et 2 points Steiner. — Il se trouve par suite $12 \times 9 = 108$ droites contenant chacune un point d'inflexion et deux points Steiner.

Si l'on joint chacun des points Steiner tour à tour à chacun des 26 autres on tracera des droites en nombre égal à 26×27. Mais sur ces droites telle qui passera par un point d'inflexion figurera deux fois dans le nombre total, et telle qui contiendra trois points Steiner y figurera six fois. Donc le nombre de droites contenant bien trois points Steiner sera

$$\frac{26.27 - 108\,2}{6} = \frac{9}{2}(26 - 8) = 9.9 = 81.$$

Pour savoir combien il passe de ces droites par chacun des points Steiner, remarquons qu'à les prendre tour à tour, elles présentent $3.81 = 243$ points; et comme là-dessus chaque point Steiner doit figurer un même nombre de fois, chacun d'eux s'y trouve $\frac{243}{27} = 9$ fois. C'est-à-dire qu'il y a 9 droites partant chacune de ces points, ou qu'il en passe 9 par chacun d'eux.

Sur les 81 droites, il y a à distinguer les 9 axes harmoniques des points d'inflexion. Le nombre des autres droites est donc $81 - 9 = 72$, et il en passa par chaque point $\frac{72.3}{27} = 8$.

Sur les 108 droites qui portent chacune un point d'inflexion et deux points Steiner, il en passe par chacun de ces derniers points un nombre égal à

$$\frac{108.2}{27} = 8,$$

ce qu'on peut trouver autrement. Car si le point S provient du point I, et qu'on considère l'axe I I_1 I_2, il passe en S deux droites aboutissant en I_1 et en I_2 ; et comme il y a quatre axes d'inflexion partant du point I, il s'ensuit $2 \times 4 = 8$ droites contenant le point S, un autre point Steiner et un point d'inflexion.

Les droites qui passent en S et contiennent deux points Steiner se rapportant à l'axe I I_1 I_2 sont l'axe harmonique de I, et deux autres droites. De là, par les quatre axes qui passent en I, des droites en nombre égal à $1 + 2.4 = 9$, comme nous l'avons déjà trouvé.

DISTINCTION DES DROITES RÉELLES ET DES DROITES IMAGINAIRES DANS L'UN ET L'AUTRE GENRES.

24. Supposons d'abord que les 9 points Steiner du groupe correspondant à l'axe des points d'inflexion réels I I_1 I_2 soient réels.

Les trois droites qui partant de I_2 contiennent chacune deux de ces points seront réelles. Il y aura donc 9 droites réelles passant trois par trois aux points I, I_1, I_2 et contenant chacune deux points Steiner réels.

Considérons d'autre part le second axe réel qui passe en I, ayant pour équation $A = 0$. Il s'y trouve deux points conjugués I' et I''. Les trois points Steiner qui correspondent à I' sont imaginaires, ainsi que ceux qui correspondent à I'', mais les premiers conjugués des seconds. Les droites qui joignent les premiers points à leurs conjugués sont donc réelles, mais il y a à décider si elles passent en I ou si elles aboutissent aux points réels S, S', S^2.

Les deux points S' et S'', d'après la détermination qui en a été présentée, sont conjugués ; l'équation de leur droite est $A + (B + C)p = 0$. Cette droite passe donc au point I.

Ainsi les trois droites qui joignent les points relatifs à I′ et leurs conjugués relatifs à I″ aboutissent au point I. Ces droites réelles jointes aux 9 précédentes font donc jusqu'ici 12 droites réelles du premier genre.

Il passe en S deux droites contenant chacune l'un des points S′ et l'un des points S″. Comme les points S′ et S″ que porte chacune ne sont pas conjugués, ces droites seront imaginaires, et elles seront conjuguées. Il en sera de même des droites relatives à l'axe d'inflexion qui nous occupe passant en S^1 et en S^2.

Soit considéré maintenant l'un des axes imaginaires qui passent en I, par exemple l'axe I I'_1 I''_2 ayant pour équation

$$Aj + B + C = 0.$$

Le point I'_1 est donné par $B = 0$, $C + Aj = 0$, le point I''_2 par $C = 0$, $B + Aj = 0$; l'axe harmonique relatif à I'_1, a pour équation $C - Aj = 0$, de sorte que les points Steiner situés sur cet axe sont fixés par

$$\begin{matrix} B = Apj^2, \\ C = Aj, \end{matrix} \qquad p^3 - 3hp + 2 = 0,$$

et de même les points situés sur l'axe harmonique relatif à I''_2 le sont par

$$\begin{matrix} C = Apj^2, \\ B = Aj, \end{matrix} \qquad p^3 - 3hp + 2 = 0.$$

Pour une même valeur de p, on a deux points dont la droite a pour équation

$$B + C - Aj(1 + pj) = 0,$$

c'est une droite imaginaire qui passe en I.

De là, par les trois valeurs de p des droites imaginaires passant en I.

Les conjuguées seront données par l'axe d'inflexion I I'_2 I''_1.

Pour deux valeurs de p différentes, p et p_1, on a une droite ayant pour équation

$$C(1 - pj) + B(1 - p_1 j) - A(j - pp_1) = 0$$

ou

$$(A - Cp_2)(1 - pj) + (A - Bp_2)(1 - p_1 j) = 0,$$

droite imaginaire qui passe au point S^2.

On voit ainsi que les axes d'inflexion $II'_1 I''_1$, $II'_2 I''_1$ ne donnent ni droites réelles passant en I, ni droites réelles portant trois points Steiner, abstraction faite de l'axe harmonique de I.

Quant aux diverses autres droites se rapportant à ces axes $II'I''$, $II'_1 I''_2$ $II'_2 I''_1$ elles seront imaginaires.

Telles sont celles qui joindront I' aux points S, S', S''; par exemple I'S ayant pour équation

$$(B + Cj)\,p + Aj^2 = 0\,;$$

et celles qui contiendront trois points Steiner imaginaires seront également imaginaires.

Considérons enfin un axe d'inflexion qui ne contienne aucun des points réels I, I_1, I_2 par exemple l'axe $I'I'_1 I''_1$ dont l'équation est

$$A + Bj + Cj^2 = 0.$$

Les axes harmoniques relatifs aux points I', I'_1, I''_1 sont imaginaires, leurs points de rencontre avec la courbe le sont aussi; les droites correspondantes, soit qu'elles contiennent l'un des points d'inflexion ou n'en contiennent pas, seront en conséquence imaginaires, puisqu'une droite réelle contiendrait au moins un point réel.

Les conséquences à tirer des faits ainsi établis sont immédiates.

A l'axe II_1I_2 se rattachent neuf droites réelles, à l'axe $II'I''$ il s'en rattache trois autres, et aucune n'est réelle parmi celles qui correspondent aux deux autres axes passant en I.

Il en est de même pour ce qui regarde les points I_1, I_2, et toutes celles qui se rapportent aux axes d'inflexion imaginaires. Parmi les 108 droites du premier genre, il y en a donc $9 + 3 \times 3 = 18$ qui sont réelles; il en reste 90 à être imaginaires.

Dans les 81 droites du second genre, les axes harmoniques relatifs aux points I, I_1, I_2 sont réels, les six autres axes harmoniques sont imaginaires. Les points S qui correspondent à l'axe II_1I_2 ne donnent lieu qu'à des droites réelles au nombre de 18, en ne comptant pas les axes harmoniques. Cela fait $9 + 18 = 27$ droites réelles, et ce sont les seules qui soient telles. Par suite le nombre des droites imaginaires est de 54.

25. — Du cas où trois points Steiner seulement sont réels. — Ce cas est

celui où l'on a $h < 1$, de sorte qu'une seule valeur de p est réelle. Alors sur chacun des axes harmoniques qui correspondent aux points I, I_1, I_2 il y a un point Steiner réel et deux points imaginaires conjugués. Soient S, S_1, S_2 les trois points réels.

Les droites qui joindront le point I_2 aux trois points S, S', S^2 situés sur l'axe harmonique de I se confondront avec celles qui le joindront aux points S_1, S_1', S_1^2 situés sur l'axe harmonique de I_1. La droite IS sera réelle, et les droites I_2S', I_2S^2 imaginaires conjuguées. La première contiendra donc le point S_1, et les deux autres respectivement S'_1, S_1^2. De même par chacun des points I_1 et I il passera une droite réelle contenant les deux autres points S réels relatifs aux deux autres points d'inflexion, et deux droites imaginaires conjuguées l'une de l'autre.

Il y a donc par là trois droites réelles et six droites imaginaires conjuguées deux à deux dans le système des droites contenant un point d'inflexion et deux points Steiner.

La droite de S et de S'_1 sera imaginaire et contiendra l'un des points S'_2, S^2_2, celle de S et de S_1^2 sera également imaginaire et contiendra l'autre de ces points, et elle sera conjuguée de la première.

De là dans le système des droites contenant trois points Steiner, trois droites réelles qui sont les axes harmoniques relatifs aux points réels d'inflexion I, I_1, I_2, et six droites imaginaires, conjuguées deux à deux.

Voilà pour ce qui concerne le groupe des points et des droites qui se rattachent à l'axe $I\,I_1\,I_2$.

Si l'on considère d'autre part l'ensemble des 24 points Steiner imaginaires, comme ils sont conjugués deux à deux, ils donneront 12 droites réelles qui passeront chacune par l'un des points d'inflexion réels I, I_1, I_2 et par l'un des points réels S, S_1, S_2. Mais relativement à l'axe $I\,I_1\,I_2$, nous venons de constater trois de ces droites, les axes harmoniques des points I, I_1, I_2. Il y en a donc neuf autres qui se rattachent à d'autres axes d'inflexion. Nous allons voir qu'ils dépendent des trois autres axes réels qui passent en I, I_1, I_2.

La première valeur de p étant réelle, les deux points désignés par S' et S'' sont conjugués, leur droite ayant pour équation

$$A + (B + C)p = 0$$

est réelle, elle passe en I.

Les deux points S'' S''^2 sont également conjugués, ainsi que S'^2 et S''^1 ; leurs droites sont donc réelles. La première a pour équation

$$(A + Bp_2 + Cp_1)\, j - (A + Bp_1 + Cp_2)\, j^2 = 0,$$

Elle passe donc au point

$$S \begin{bmatrix} B = C \\ A = Bp \end{bmatrix};$$

La seconde y passe aussi.

Il en est du point I_1 et du point I_2 comme du point I. En chacun d'eux passe une droite réelle contenant deux points Steiner qui ne sont pas du groupe des points relatifs à l'axe $I I_1 I_2$, et en outre deux droites réelles se rapporteront à chacun d'eux ne concernant pas non plus cet axe et contenant trois points Steiner. Donc sur les 9 droites réelles que nous avions à fixer, il en est trois passant respectivement en I, I_1, I_2 et les six autres passent deux par deux aux points S, S_1, S_2.

En résumé, sur les 108 droites du premier système, il s'en trouve six qui sont ici réelles, et les 102 autres sont imaginaires. Sur les 81 droites du second système, il y a trois axes harmoniques réels et six autres droites réelles passant deux par deux aux points réels S, S_1, S_2, de sorte qu'en chacun de ces points il passe trois droites réelles, l'axe harmonique du point d'inflexion correspondant et deux autres droites. Les 72 autres droites du second système sont imaginaires.

DES POINTS STEINER DANS LE CAS PARTICULIER OU L'ÉQUATION $u = 0$ N'EST PAS SUSCEPTIBLE DE SE METTRE SOUS LA FORME

$$A^3 + B^3 + C^3 - 3h\,ABC = 0.$$

26. L'équation à considérer est

$$A^3 - 3\alpha\beta\gamma = 0,$$

où

$$\gamma = p\alpha + q\beta.$$

Nous avons établi qu'alors les points

I	sont donnés par	$A=0,$	$\alpha=0,$
I′	»	$A=0,$	$\beta=0,$
I″	»	$A=0,$	$\gamma=0,$

les points

$$I_1 \quad \text{par} \quad q\beta=p\alpha j, \quad A+\alpha\left(\frac{3p^2}{q}\right)^{\frac{1}{3}}=0,$$

$$I_1' \quad q\beta=p\alpha j, \quad A+\alpha j\left(\frac{3p^2}{q}\right)^{\frac{1}{3}}=0,$$

$$I_1'' \quad q\beta=p\alpha j, \quad A+\alpha j^2\left(\frac{3p^2}{q}\right)^{\frac{1}{3}}=0,$$

et les points

$$I_2 \quad \text{par} \quad q\beta=p\alpha j^2 \quad A+\alpha\left(\frac{3p^2}{q}\right)^{\frac{1}{3}}=0,$$

$$I_2' \quad q\beta=p\alpha j^2 \quad A+\alpha j^2\left(\frac{3p^2}{q}\right)^{\frac{1}{3}}=0,$$

$$I_2'' \quad q\beta=p\alpha j^2 \quad A+\alpha j\left(\frac{3p^2}{q}\right)^{\frac{1}{3}}=0.$$

L'axe harmonique de I a pour équation

$$\gamma+q\beta=0 \quad \text{ou} \quad \alpha p+2q\beta=0.$$

Les points S, S′, S″ sont donc donnés par

$$A^3-3\alpha\beta\gamma=0, \quad \gamma+q\beta=0,$$

donc par

$$\alpha p+2\beta q=0 \quad \begin{cases} A=\left(\dfrac{6q^2}{p}\right)^{\frac{1}{3}}\beta \\ A=\left(\dfrac{6q^2}{p}\right)^{\frac{1}{3}}\beta j \\ A=\left(\dfrac{6q^2}{p}\right)^{\frac{1}{3}}\beta j^2 \end{cases}$$

l'axe harmonique de I′ étant

$$\gamma+p\alpha=0 \quad \text{ou} \quad 2p\alpha+q\beta=0,$$

on a pour les points S′, S′′, S′″,

$$2p\alpha + q\beta = 0 \quad \left\{ \begin{array}{l} A = \left(\dfrac{6p^2}{q}\right)^{\frac{1}{3}} \alpha \\ A = \left(\dfrac{6p^2}{q}\right)^{\frac{1}{3}} \alpha j \\ A = \left(\dfrac{6p^2}{q}\right)^{\frac{1}{3}} \alpha j^2 \end{array} \right.$$

Pour le point I'', l'axe harmonique ayant pour équation $\alpha p - \beta q = 0$, on a les points S'', S''^1, S''^2 par

$$\alpha p - \beta q = 0 \quad \left\{ \begin{array}{l} A = \left(\dfrac{6p^2}{q}\right)^{\frac{1}{3}} \alpha \\ A = \left(\dfrac{6p^2}{q}\right)^{\frac{1}{3}} \alpha j \\ A = \left(\dfrac{6p^2}{q}\right)^{\frac{1}{3}} \alpha j^2. \end{array} \right.$$

On voit par là que les points I, I', I'' étant réels, il ne correspond à chacun d'eux qu'un point Steiner réel.

Sur les 27 points Steiner, il s'en trouve donc 3 de réels, et 24 d'imaginaires. Remarquons que les 3 droites

$$A = \left(\frac{6p^2}{q}\right)^{\frac{1}{3}} \alpha, \quad A = \left(\frac{6p^2}{q}\right)^{\frac{1}{3}} \alpha j, \quad A = \left(\frac{6p^2}{q}\right)^{\frac{1}{3}} \alpha j^2$$

contiennent : la 1re les points S' et S'', la 2e les points S'^1 et S''^1, la 3e les points S'^2 et S''^2 et passent en I ; la première est seule réelle.

Donc par chacun des points I, I', I'', il passe trois droites contenant chacune deux des 9 points Steiner du groupe correspondant à leur axe. Il y a là 9 droites dont 3 sont réelles et 6 imaginaires.

Aux points d'inflexion imaginaires il ne répond encore que des axes harmoniques imaginaires et par conséquent des points Steiner imaginaires.

Donc il n'y a que trois points de réels, et il s'en trouve 24 d'imaginaires.

Par chaque point d'inflexion, il passe pour chacun des 4 axes d'inflexion qui en émanent 3 droites contenant deux points S ; ces droites sont ainsi au nombre de $3 \times 4 \times 9 = 108$.

Par chaque point S d'un même groupe, il passe deux droites contenant deux autres points S, sans compter l'axe harmonique qui se rapporte au point d'inflexion correspondant. De là, un même point appartenant à 4 groupes $2 \times 4 \times 12 = 72$ droites, ce qui, en y ajoutant les 9 axes harmoniques, fait un total de 81 droites.

Dans le système des 108 droites, il y en a 6 de réelles, passant par deux aux points I, I′, I″; l'une pour chaque point contient les deux points S réels qui proviennent des deux autres. Nous venons d'établir le second de ces faits. Pour démontrer l'autre, considérons l'axe I I_1 I_2 du point I et des points

$$I_1 \left\{ \begin{array}{l} q\beta = p\alpha j \\ A + \alpha \left(\frac{3p^2}{q}\right)^{\frac{1}{3}} = 0, \end{array} \right. \quad I_2 \left\{ \begin{array}{l} q\beta = p\alpha j^2 \\ A + \alpha \left(\frac{3p^2}{q}\right)^{\frac{1}{3}} = 0. \end{array} \right.$$

Les axes harmoniques de I_1 et de I_2 sont imaginaires et conjugués. Les trois points S que donne l'un sont conjugués à ceux que donne l'autre. Il s'ensuit entre ces points trois droites réelles ; l'une passe en I et les deux autres au point réel S.

Soient en effet $\beta' = 0$, $\gamma' = 0$, les équations des tangentes aux points I_1 et I_2; elles seront conjuguées. L'équation de la courbe pourra se prendre sur la forme

$$A'^3 - 3\alpha\beta'\gamma' = 0.$$

Posons

$$\beta' = \frac{p\alpha}{2} + \beta_2 \sqrt{-1}, \quad \gamma' = \frac{p\alpha}{2} - \beta_2 \sqrt{-1},$$

les trois droites α, β', γ' concourront au point $\alpha = 0$, $\beta_2 = 0$. Comme il s'ensuit $\gamma' = p\alpha - \beta'$, nous avons à faire dans les formules précédentes $q = -1$.

Les points S, S′, S″ correspondants à I sont donnés par

$$\begin{array}{c} \alpha p - 2\beta' = 0 \\ \text{ou } \beta_2 = 0 \text{ et} \end{array} \left\{ \begin{array}{l} A' = \left(\frac{6}{p}\right)^{\frac{1}{3}} \frac{\alpha p}{2} \\ A' = \left(\frac{6}{p}\right)^{\frac{1}{3}} \frac{\alpha p}{2} j \\ A' = \left(\frac{6}{p}\right)^{\frac{1}{3}} \frac{\alpha p}{2} j^2. \end{array} \right.$$

Les points S_1, S_1', S_1'' correspondants à I_2 le sont par

$$2\alpha p - \beta' = 0 \quad \text{ou} \quad \frac{3}{2} p\alpha - \beta_2 \sqrt{-1} = 0 \quad \text{et} \quad \begin{cases} A' = -(6p^2)^{\frac{1}{3}} \alpha \\ A' = -(6p^2)^{\frac{1}{3}} \alpha j \\ A' = -(6p^2)^{\frac{1}{3}} \alpha j^2, \end{cases}$$

et les points S_1, $S_1^{\,1}$, $S_1^{\,2}$ correspondants à I_2 par

$$\alpha p + \beta' = 0 \quad \text{ou} \quad \frac{3}{2} \alpha p + \beta_1 \sqrt{-1} = 0 \quad \begin{cases} A' = -(6p^2)^{\frac{1}{3}} \alpha \\ A' = -(6p^2)^{\frac{1}{3}} \alpha j \\ A' = -(6p^2)^{\frac{1}{3}} \alpha j^2 \end{cases}$$

D'après quoi, le point S est bien le seul à être réel, les deux points S^1 et S^2 sont conjugués, et les trois derniers sont conjugués aux précédents.

La droite $A' = -(6p^2)^{\frac{1}{3}} \alpha$ est réelle, passe en I et contient S_1 et S_2; les deux droites $A' = -(6p^2)^{\frac{1}{3}} \alpha j$, $A' = -(6p^2)^{\frac{1}{3}} \alpha j^2$ sont imaginaires conjuguées, passent en I aussi et contiennent : l'une S^1_1 et S^1_2, l'autre S^2_1 et S^2_2. Les deux autres droites réelles possibles par les six points correspondants à I_1 et I_2 passeront en S.

Il s'ensuit dans ce cas singulier que nous traitons les mêmes circonstances pour la distinction des droites réelles et des droites imaginaires dans l'un et l'autre système que dans le cas où l'on a $h < 1$.

DES POINTS D'INFLEXION ET DES POINTS STEINER DANS LES LIGNES DU TROISIÈME DEGRÉ QUI ONT UN POINT DOUBLE.

27. Si $\alpha = 0$, $\beta = 0$ sont les équations des tangentes au point double 0, et $\gamma = 0$ celle de la tangente en un point d'inflexion I, $A = 0$ l'équation de la droite qui joint les deux points, l'équation de la courbe pourra s'écrire sous la forme

$$A^3 - \alpha\beta\gamma = 0.$$

Mais, si avec Salmon nous désignons par $B = 0$ l'équation de la droite harmonique conjuguée de A par rapport aux deux tangentes α et β, nous pourrons supposer les deux fonctions A et B, telles qu'on ait

$$\alpha = A + B, \quad \beta = A - B,$$

de sorte que l'équation sera

$$(A^2 - B^2)\gamma = A^3$$

ou

$$u = A^3 - (A^2 - B^2)\gamma = 0.$$

L'équation étant homogèneen A, B, γ on aura pourles points d'inflexion

$$H = \begin{vmatrix} 3A - \gamma & 0 & -A \\ 0 & \gamma & B \\ -A & B & 0 \end{vmatrix} = -(3A - \gamma) B^2 - A^2\gamma = 0,$$

ou

$$3AB^2 + (A^2 - B^2)\gamma = 0,$$

par conséquent

avec

$$A\,(3B^2 + A^2) = 0,$$
$$A^3\,(A^2 - B^2)\,\gamma = 0,$$

ce qui donne les points doubles par $A = 0, B = 0$, le point I par $A = 0, \gamma = 0$, et deux autres points I′, I″ par $A - \frac{4}{8}\gamma = 0$, et par $A = \pm B\sqrt{3}\sqrt{-1}$. Sur ces trois points d'inflexion, l'un au moins, I par exemple, est réel, de sorte que A et γ sont à considérer comme des fonctions réelles. Pour que l'équation $u = 0$ soit réelle, il faut donc que B^2 le soit, ce qui donne soit B réel, soit $B = B_1\sqrt{B-1}$, B_1 étant réel. Dans le premier cas les tangentes α et β sont réelles, le point O est un point double réel; dans le second cas le point O est un point isolé.

Quand le point O est ainsi un point double, les points I′ et I″ sont imaginaires, et quand ce point O est isolé, les points I′ et I″ sont réels. Les trois points d'inflexion sont situés sur la droite $A - \frac{4}{3}\gamma = 0$. La tangente en I′ a pour équation $-9A + 3\sqrt{3}\sqrt{-1}\,B + 8\gamma = 0$, et la tangente en I″, $-9A - 3\sqrt{3}\sqrt{-1}\,B + 8\gamma = 0$. Ces droites et les tangentes en I, ne concourent pas en un même point. Nous pouvons donc mettre l'équation de la courbe sous la forme

$$A'^3 + B'^3 + C'^3 - 3hA'B'C' = 0.$$

Posons

$$A' = A - \frac{4}{3}\gamma, \quad \alpha' = \gamma, \quad \beta' = A - \frac{\sqrt{-1}}{\sqrt{3}}B - \frac{8}{9}\gamma, \quad \gamma' = A + \frac{\sqrt{-1}}{\sqrt{3}}B - \frac{8}{9}\gamma,$$

d'où

$$A = \frac{8}{9}\alpha' + \frac{\beta' + \gamma'}{2}, \quad A' = -\frac{4}{9}\alpha' + \frac{\beta'}{2} + \frac{\gamma'}{2}.$$

Nous aurons là (Voir § 4)

$$a = -\frac{4}{9}, \quad b = \frac{1}{2}, \quad c = \frac{1}{2}, \quad h^3 = \frac{1}{1-27abc} = \frac{1}{4},$$

par suite

$$A' = -\frac{4}{9}\alpha' + \frac{\beta'}{2} + \frac{\gamma'}{2}, \quad B' = \frac{1}{\sqrt[3]{4}}\left(-\frac{4}{9}\alpha' + \frac{\beta'}{2}j^2 + \frac{\gamma'}{2}j\right), \quad C' = \frac{1}{\sqrt[3]{4}}\left(-\frac{4}{9}\alpha' + \frac{\beta'}{2}j + \frac{\gamma'}{2}j^2\right).$$

De là

$$B' = -\frac{1}{\sqrt[3]{4}}\,\frac{A+B}{2}, \quad C' = -\frac{1}{\sqrt[3]{4}}\,\frac{A-B}{2}.$$

Par les équations $B' = 0$, $C' = 0$, on a donc les tangentes au point double ; ce sont des droites qui ne rencontrent la courbe qu'en ce point. Six points d'inflexion autres que I, I' et I'' sont donc bien à considérer comme s'étant fondus avec le point O.

L'équation de la courbe est ainsi transformée en

$$\left(A - \frac{4}{3}\gamma\right)^3 - \left(\frac{A+B}{2\sqrt[3]{4}}\right)^3 - \left(\frac{A-B}{2\sqrt[3]{4}}\right)^3 - \frac{3}{\sqrt[3]{4}}\left(A - \frac{4}{3}\gamma\right)\left(\frac{A+B}{2\sqrt[3]{4}}\right)\left(\frac{A-B}{2\sqrt[3]{4}}\right) = 0.$$

28. Des points Steiner. — L'équation de la tangente au point (A, B, γ) étant

$$(A^2 - B^2)\gamma_1 + 2(AA_1 - BB_1)\gamma = 3A^2 A_1,$$

celle de la polaire du point d'inflexion I $(\gamma_1 = 0, A_1 = 0)$ est

$$B\gamma = 0,$$

d'où $B = 0$, $\gamma = 0$, de sorte que l'axe harmonique de I est

$$B = 0,$$

droite qui ne rencontre la courbe qu'au point O et au point pour lequel

$$A = \gamma.$$

Le point double est ainsi à compter pour deux points Steiner correspondants à I ; ou plutôt, à vrai dire, il n'y a plus ici qu'un seul point Steiner correspondant donné par

$$B = 0, \quad A = \gamma,$$

lequel est toujours réel.

A chacun des autres points d'inflexion I', I'' il ne correspond de même qu'un seul point Steiner. Si ces points I', I'' sont réels, les deux points correspondants le seront aussi. Si I' et I'' sont imaginaires, leurs axes harmoniques doivent être imaginaires conjugués, concourant en O, et les deux points S correspondants également imaginaires et conjugués. Ce sont des faits faciles à vérifier.

L'axe harmonique relatif au point I' a pour équation

$$A\sqrt{3}\,\sqrt{-1} - B = 0;$$

il est imaginaire si B est réel, c'est-à-dire si I' n'est pas réel; il est réel dans le cas contraire. Sa rencontre avec la courbe, autre que le point O, est donnée par

$$4\gamma = A, \quad A\sqrt{3}\,\sqrt{-1} = B,$$

c'est-à-dire par une droite réelle et une droite imaginaire ou réelle comme I'. Donc le point est réel ou imaginaire en même temps que I'. Il en est de même du point correspondant à I'' déterminé par

$$4\gamma = A, \quad -A\sqrt{3}\,\sqrt{-1} = B.$$

On voit que S' et S'' sont en ligne droite avec I; de même I' l'est avec S et S'', puis I'' avec S et S'. Les trois droites sont réelles quand les points I et S sont tous réels; la première l'est seule, s'il en est autrement.

29. POINTS D'INFLEXION ET POINTS STEINER, QUAND LA COURBE DU TROISIÈME DEGRÉ A UN POINT DE REBROUSSEMENT.

L'équation peut dans ce cas se prendre sous la forme

$$u = A^3 - 3\alpha^2\gamma = 0,$$

$A = 0$ donnant la droite qui joint le point de rebroussement à un point d'inflexion.

On a là
$$H = \begin{vmatrix} A & 0 & 0 \\ 0 & -\gamma & -1 \\ 0 & -\alpha & 0 \end{vmatrix} = -A\alpha;$$

la courbe de Hesse ne rencontre la courbe qu'au point de rebroussement, et au point donné par

$$\gamma = 0, \qquad A = 0.$$

Il n'y a donc qu'un seul point d'inflexion ; sa polaire a pour équation

$$\alpha\gamma = 0,$$

d'où $\alpha = 0$ pour l'axe harmonique correspondant; c'est la tangente au point de rebroussement. Il n'y a donc là aucun point Steiner.

NOTE I

Sur les points d'inflexion dans les lignes du quatrième degré qui ont deux points de rebroussement, et dans celles qui ont trois points doubles.

30. L'équation générale des lignes du 4e degré qui ont le point ($\alpha = 0$, $\gamma = 0$) pour point de rebroussement peut se mettre sous la forme

$$\alpha^2 P + \gamma^3\delta + K\alpha\gamma^2 = 0,$$

P étant une fonction du second degré, α, γ, δ des fonctions du premier degré, et K une constante.

S'il y a un second point de rebroussement qui soit donné par $\beta = 0$ et $\gamma = 0$, l'équation pourra se prendre sous la forme

$$u = \alpha^2\beta^2 + \gamma^3\delta + K\alpha\beta\gamma^2 = 0.$$

D'ailleurs δ pouvant s'exprimer par α, β, γ, nous poserons

$$\delta = m\alpha + n\beta + p\gamma.$$

L'équation sera ainsi homogène par rapport à α, β, γ, et pour déterminer les points d'inflexion on aura, avec $u = 0$,

$$H = \begin{vmatrix} 2\beta^2, & 4\alpha\beta + K\gamma^2, & 3m\gamma^2 + 2K\beta\gamma \\ 4\alpha\beta + K\gamma^2 & 2\alpha^2 & 3n\gamma^2 + 2K\alpha\gamma \\ 3m\gamma^2 + 2K\beta\gamma & 3n\gamma^2 + 2K\alpha\gamma & 6\gamma\delta + 6p\gamma^2 + 2K\alpha\beta \end{vmatrix} = 0.$$

En développant cette équation, et en y remplaçant $\alpha^2 \beta^2$ par sa valeur tirée de $u=0$, on obtient $\gamma^3=0$, et

$$3\delta^2\gamma+6(mn\alpha\beta+np\beta\gamma+pm\gamma\alpha)\gamma+5p^2\gamma^3+K(4\alpha\beta\delta+mn\gamma^3)-K^2\gamma^2(\delta+p\gamma)-K^3\alpha\beta\gamma=0.$$

Par $\gamma^3=0$, on n'a que les deux points de rebroussement. Par la seconde équation, également du 3ᵉ degré, on a une ligne qui coupe la ligne u en 12 points. Mais cette ligne passe aussi par les deux points de rebroussement, ce qui est à compter pour quatre points de rencontre. Il y aura donc 8 autres points communs qui seront les 8 points d'inflexion possibles dans le cas qui nous occupe.

31. Lorsque l'on a $K=0$, l'équation se résout en $\gamma=0$, et une équation du 2ᵉ degré

$$3\delta^2+6(mn\alpha\beta+np\beta\gamma+pm\gamma\alpha)+5p^2\gamma^2=0.$$

Les huit points d'inflexion sont donc alors les points de rencontre de la courbe et d'une conique.

L'équation de la conique ne change pas, quand m, n, p changent de signe.

C'est donc la même conique qui contient les points d'inflexion des deux lignes qui ont pour équations

$$\alpha^2\beta^2+\gamma^3\delta=0$$

et

$$\alpha^2\beta^2-\gamma^3\delta=0.$$

Si on élimine $\alpha\beta$ entre l'équation de la conique et celle de la courbe $u=0$, on trouve

$$[3(\delta+p\gamma)^2-4p^2\gamma^2]^2+36m^2n^2\gamma^3\delta=0,$$

équation homogène en γ et δ qui donnera quatre droites concourant avec les droites γ et δ, c'est-à-dire au point où se coupent la droite des deux points de rebroussement et celle qui joint les deux points où la courbe est coupée par les deux tangentes en ces points de rebroussement. Les huit points d'inflexion seront les points de rencontre de la conique et du faisceau de droites.

En posant $\delta=\gamma z$, l'équation à résoudre pour obtenir les droites du faisceau sera

$$9z^4+36pz^3+30p^2z^2+12(3m^2n^2-p^3)z+p^4=0.$$

Lorsque le coefficient K est différent de zéro, la ligne du 3ᵉ degré qui détermine les points d'inflexion ne saurait se résoudre en lignes d'ordres inférieurs. Car, si elle se partageait en une droite et une conique, la droite ne pourrait être que la droite donnée par $\gamma=0$, ce qui exigerait $K=0$, et si elle se partageait en trois droites, la même droite $\gamma=0$ en devrait faire partie.

32. Quand une ligne du 4ᵉ ordre a trois points doubles, les six points d'inflexion sont situés sur une ligne du 3ᵉ degré passant par ces points doubles, dont l'équation peut s'obtenir comme il suit :

Soit, comme équation de la ligne,

$$u=m\alpha^2\beta^2+n\beta^2\gamma^2+p\gamma^2\alpha^2+2\alpha\beta\gamma\delta=0,$$

δ étant égal à

$$a\alpha+b\beta+c\gamma.$$

Les points d'inflexion seront, avec les points doubles, les points communs à cette ligne et à la ligne donnée par l'équation Hessienne

$$H = \begin{vmatrix} m\beta^2+p\gamma^2+2\alpha\beta\gamma & 3m\alpha\beta+2\gamma\delta-c\gamma^2 & 2p\alpha\gamma+2\beta\delta-b\beta^2 \\ 2m\alpha\beta+2\gamma\delta-c\gamma^2 & m\alpha^2+n\gamma^2+2b\alpha\gamma & 2n\beta\gamma+2\alpha\delta-a\alpha^2 \\ 2p\alpha\gamma+2\beta\delta-b\beta^2 & 2n\beta\gamma+2\alpha\delta-a\alpha^2 & n\beta^2+p\alpha^2+2c\alpha\beta \end{vmatrix} = 0.$$

Le déterminant H peut se décomposer en les huit déterminants suivants

$$(1) = \begin{vmatrix} m\beta^2+p\gamma^2 & 2m\alpha\beta & 2p\alpha\gamma \\ 2m\alpha\beta & m\alpha^2+n\gamma^2 & 2n\beta\gamma \\ 2p\alpha\gamma & 2n\beta\gamma & n\beta^2+p\alpha^2 \end{vmatrix} \qquad (2) = \begin{vmatrix} m\beta^2+p\gamma^2 & 2m\alpha\beta & 2\beta\delta-b\beta^2 \\ 2m\alpha\beta & m\alpha^2+n\gamma^2 & 2\alpha\delta-a\alpha^2 \\ 2p\alpha\gamma & 2n\beta\gamma & 2c\alpha\beta \end{vmatrix}$$

$$(3) = \begin{vmatrix} m\beta^2+p\gamma^2 & 2\gamma\delta-c\gamma^2 & 2p\alpha\gamma \\ 2m\alpha\beta & 2b\alpha\gamma & 2n\beta\gamma \\ 2p\alpha\gamma & 2\alpha\delta-a\alpha^2 & n\beta^2+p\alpha^2 \end{vmatrix} \qquad (4) = \begin{vmatrix} m\beta^2+p\gamma^2 & 2\gamma\delta-c\gamma^2 & 2\beta\delta-b\beta^2 \\ 2m\alpha\beta & 2b\alpha\gamma & 2\alpha\delta-a\alpha^2 \\ 2p\alpha\gamma & 2\alpha\delta-a\alpha^2 & 2c\alpha\beta \end{vmatrix}$$

$$(5) = \begin{vmatrix} 2\alpha\beta\gamma & 2m\alpha\beta & 2p\alpha\gamma \\ 2\gamma\delta-c\gamma^2 & m\alpha^2+n\gamma^2 & 2n\beta\gamma \\ 2\beta\delta-b\beta^2 & 2n\beta\gamma & n\beta^2+p\alpha^2 \end{vmatrix} \qquad (6) = \begin{vmatrix} 2\alpha\beta\gamma & 2m\alpha\beta & 2\beta\delta-b\beta^2 \\ 2\gamma\delta-c\gamma^2 & m\alpha^2+n\gamma^2 & 2\alpha\delta-a\alpha^2 \\ 2\beta\delta-b\beta^2 & 2n\beta\gamma & 2c\alpha\beta \end{vmatrix}$$

$$(7) = \begin{vmatrix} 2\alpha\beta\gamma & 2\gamma\delta-c\gamma^2 & 2p\alpha\gamma \\ 2\gamma\delta-c\gamma^2 & 2b\alpha\beta & 2n\beta\gamma \\ 2\beta\delta-b\beta^2 & 2\alpha\delta-a\alpha^2 & n\beta^2+p\alpha^2 \end{vmatrix} \qquad (8) = \begin{vmatrix} 2\alpha\beta\gamma & 2\gamma\delta-c\gamma^2 & 2\beta\delta-b\beta^2 \\ 2\gamma\delta-c\gamma^2 & 2b\alpha\gamma & 2\alpha\delta-a\alpha^2 \\ 2\beta\delta-b\beta^2 & 2\alpha\delta-a\alpha^2 & 2c\alpha\beta \end{vmatrix}$$

Les seuls déterminants à calculer sont (1), (5), (4), (6) et (8); car il est à remarquer que (3) peut se déduire de (5) par une permutation tournante, (2) de (3) et (7) de (6) de la même façon.

En développant et en réduisant les déterminants au moyen de l'équation $u=0$, on trouve, suppression faite du facteur $\alpha\beta\gamma$, les valeurs suivantes :

$$(1) = 27mnp\alpha\beta\gamma+6\delta\,(mp\alpha^2+nm\beta^2+pn\gamma^2)$$
$$(2) = 12mpc\alpha^2\gamma+12nmc\beta^2\gamma+6mpb\alpha^2\beta+6mna\beta^2\alpha-6np\gamma^2\delta+12mc\alpha\beta\delta$$
$$(3) = 12mpb\alpha^2\beta+12npb\gamma^2\beta+6mpc\alpha^2\gamma+6npa\gamma^2\alpha-6mn\beta^2\delta+12pb\alpha\gamma\delta$$
$$(4) = -3na^2\alpha\beta\gamma-6nab\beta^2\gamma-6nac\gamma^2\beta-6mac\alpha^2\beta-6pab\alpha^2\gamma-6a^2\alpha\delta-12ab\alpha\beta\delta-12ac\alpha\gamma\delta$$
$$(5) = 12mna\beta^2\alpha+12npa\gamma^2\alpha+6mnc\beta^2\gamma+6npb\gamma^2\beta-6mp\alpha^2\delta+12na\beta\gamma\delta$$
$$(6) = -6mbc\alpha\beta^2-6nab\beta^2\gamma-6pab\alpha^2\gamma-6pbc\gamma^2\alpha-3pb^2\alpha\beta\gamma-12ab\alpha\beta\delta-12bc\beta\gamma\delta-6b^2\beta^2\delta$$
$$(7) = -6nca\gamma^2\beta-6pbc\gamma^2\alpha-6mbc\beta^2\alpha-6mca\alpha^2\beta-3mc^2\alpha\beta\gamma-12bc\beta\gamma\delta-12ca\gamma\alpha\delta-6c^2\gamma^2\delta$$
$$(8) = 6abc\alpha\beta\gamma-2a^3\alpha^3-2b^3\beta^3-2c^3\gamma^3+8a^2\alpha^2\delta+8b^2\beta^2\delta+8c^2\gamma^2\delta+4bc\beta\gamma\delta+4ca\gamma\alpha\delta+4ab\alpha\beta\delta.$$

Il en résulte, à la place de $H=0$,
d'une part,

$$\alpha\beta\gamma=0,$$

d'autre part,

$$\begin{aligned} &2\,(mp-a^2)\alpha^2(b\beta+c\gamma) \\ &+2\,(nm-b^2)\beta^2(c\gamma+a\alpha) \\ &+2\,(pn-c^2)\gamma^2(a\alpha+b\beta) \end{aligned} \qquad +(na^2+pb^2+mc^2+3mnp)\alpha\beta\gamma=0.$$

On trouve ainsi une ligne du 3ᵉ degré qui passe par les trois points doubles ; elle coupe la courbe donnée en six autres points qui sont les six points d'inflexion : résultat annoncé.

Remarque. — Si l'on a à la fois

$$mp-a^2=0, \qquad nm-b^2=0, \qquad pn-c^2=0,$$

l'équation précédente se réduit à $\alpha\beta\gamma=0$. Il n'y a pas alors de points d'inflexion, en ne comptant pas pour tels les points doubles. C'est qu'en effet ces points doubles se trouvent alors des points de rebroussement. Chacun d'eux est à compter pour huit points de rencontre entre la courbe u et la ligne H. Les valeurs de n, p, m qui s'ensuivent sont $\pm\frac{bc}{a}$, $\pm\frac{ca}{b}$, $\pm\frac{ab}{c}$. En prenant les signes supérieurs on a une conique double ; mais par les signes inférieurs, si l'on pose $a\alpha = A$, $b\beta = B$, $c\gamma = C$, on obtient

$$A^2B^2 + B^2C^2 + C^2A^2 - 2ABC(A + B + C) = 0,$$

d'où

$$\frac{1}{\sqrt{A}} + \frac{1}{\sqrt{B}} + \frac{1}{\sqrt{C}} = 0;$$

et les trois tangentes aux points de rebroussement ayant pour équations

$$A - B = 0, \qquad C - B = 0, \qquad C - A = 0$$

concourent en un même point : ce sont des faits présentés par Salmon dans son traité sur les courbes planes de degrés supérieurs (§ 217, page 202).

NOTE II

33. **Lemme.** — Quand trois systèmes d'équations du premier degré à $n+1$ inconnues chacun ont une solution et une seule, s'ils ne diffèrent que par une seule équation, on peut fixer des valeurs de λ et de μ telles qu'on ait :

$$x''_m = \lambda x_m + \mu x'_m,$$

x_m, x'_m, x''_m, désignant les valeurs de trois inconnues correspondantes relatives à ces systèmes.

Soient pour les trois systèmes

$$(1) \quad \sum_{i=1}^{i=n+1} a_{i,1}x_i = K_1, \sum_{i=1}^{i=n+1} a_{i,2}x_i = K_2, \sum_{i=1}^{i=n+1} a_{i,3}x_i = K_3, \ldots \sum_{i=1}^{i=n+1} a_{i,n}x_i = K_n, \sum_{i=1}^{i=n+1} a_i x_i = K_{n+1}$$

$$(2) \quad \text{id.} \quad \ldots\ldots\ldots \quad \ldots\ldots\ldots \quad \text{id.}, \quad \sum_{i=1}^{i=n+1} a'_i x_i = K'_{n+1}$$

$$(3) \quad \text{id.} \quad \ldots\ldots\ldots \quad \ldots\ldots\ldots \quad \text{id.}, \quad \sum_{i=1}^{i=n+1} a''_i x_i = K''_{n+1}$$

Les n premières équations peuvent, d'après l'hypothèse posée, déterminer n inconnues convenablement prises en fonction de la $(n+1)^{\text{ème}}$, par exemple $x_1, x_2, \ldots x_n$ en fonction de x_{n+1}. On en déduira donc pour les trois systèmes

$$x_m = q_m + q'_m x_{n+1}, \qquad x'_m = q_m + q'_m x'_{n+1}, \qquad x''_m = q_m + q'_m x''_{n+1},$$

m s'étendant de 1 à n, en distinguant par des accents les valeurs relatives aux trois systèmes.

Si l'on substitue ces valeurs dans la dernière équation de chaque système, on aura trois équations distinctes qui détermineront séparément x_{n+1}, x'_{n+1} et x''_{n+1}.

Or, si l'on pose

$$x''_{n+1} = \lambda x_{n+1} + \mu x'_{n+1},$$

on aura également

$$x''_m = \lambda x_m + \mu x'_m,$$

quand on aura

$$q_m = \lambda q_m + \mu q_m,$$

c'est-à-dire

$$1 = \lambda + \mu,$$

pour toutes les valeurs de m à considérer.

Donc, si λ et μ se déterminent par les deux équations

$$\lambda x_{n+1} + \mu x'_{n+1} = x''_{n+1},$$
$$\lambda + \mu = 1,$$

ce qui n'exige que d'avoir

$$x_{n+1} \gtrless x'_{n+1}.$$

on aura

$$x''_m = \lambda x_m + \mu x'_m$$

pour toutes valeurs de m depuis 1 jusqu'à $n+1$. C. Q. F. D.

Corollaire.—Soit $w=0$ l'équation d'une ligne de l'ordre n déterminée par $u\frac{(n+3)}{2} - 1 = n'$ points communs aux deux lignes d'ordre n ayant pour équations $u=0$, $v=0$, et par un $(n'+1)^{ème}$ point qui ne soit pas commun à ces deux lignes ; supposons d'ailleurs que chacune des deux dernières lignes soit déterminée par les n' points considérés, et par un autre qui lui appartienne et ne leur soit pas commun.

Si l'on prend l'équation générale des lignes de l'ordre n, et qu'on y substitue tour à tour les coordonnées des n' points dont il s'agit et celles du $(n'+1)^{ème}$ point relatif à chacune des trois lignes considérées, on aura trois systèmes d'équations du premier degré ne différant que par une dernière équation.

Les rapports entre coefficients dans les équations $u=0$, $v=0$ formeront, les uns la solution du premier système, les autres celle du second. Or, d'après le lemme qui vient d'être démontré, les coefficients dans w seront chacun la somme des coefficients homologues dans u et v respectivement multipliés par deux constantes λ et μ. On aura donc

$$w = \lambda u + \mu v.$$

L'équation générale des lignes de l'ordre n passant par $n' = n\frac{(n+3)}{2} - 1$ points communs à deux lignes d'ordre n ayant pour équations $u=0$, $v=0$ est ainsi

$$w = \lambda u + \mu v = 0,$$

lorsque chacune de ces lignes est déterminée par les n' points considérés et par un autre qui lui appartienne en particulier.

Il s'ensuit que toute ligne de l'ordre n passant par n' points communs à deux lignes de cet ordre passe par les $\frac{(n-1)(n-2)}{2}$ autres points communs à ces lignes, pourvu qu'elles soient déterminées chacune par ces n' points et un autre qui lui soit propre.

De même, si $u=0$, $v=0$ sont les équations de deux surfaces de l'ordre n déterminées chacune par $n'=n\frac{(n^2+6n+11)}{6}-1$ points appartenant à leur intersection et par un autre qui n'y soit pas situé, l'équation de toute autre surface du même ordre également déterminée par les n' points et par un autre situé en dehors de l'intersection sera

$$w=\lambda u+\mu v=0,$$

de sorte que cette surface passe dès lors par l'intersection complète des deux premières surfaces.

Ainsi se trouvent établis avec plus de simplicité et de précision qu'on ne l'a fait jusqu'ici, et toute généralité les deux théorèmes qui sont le point de départ de toute théorie relative aux lignes et aux surfaces algébriques.

34. Généralisation du lemme qui précède. — Si $p+2$ systèmes d'équations du premier degré à $n+p$ inconnues présentent n équations communes et p équations différentes ayant chacune une solution et une seule, les valeurs des inconnues pour l'un de ces systèmes seront chacune la somme des valeurs des inconnues correspondantes relatives aux autres systèmes respectivement multipliées par les mêmes constantes, pourvu que les derniers systèmes ne soient pas eux-mêmes tels que les inconnues relatives à l'un puissent s'exprimer d'une façon analogue par les inconnues relatives aux p autres systèmes.

Soit

$$\sum_{i=1}^{i=n+p} a_{i,j}\,x_i=K_j$$

l'expression générale, j variant de 1 à n, des n équations communes aux $p+2$ systèmes.

Soit

$$\sum_{i=1}^{i=n+p} \alpha^{(h)}_{i,j'}\,x_i=K^{(h)}_{j'+n},$$

l'expression générale des p équations différentes, h variant d'un système à un autre, susceptible de $p+2$ valeurs $0, 1, 2, \ldots p+1$, j' susceptible à chaque système des valeurs 1, 2,... p.

D'après l'hypothèse faite, les n équations communes pourront se résoudre par rapport à n inconnues convenablement prises, par exemple, si le déterminant

$$\begin{vmatrix} a_{1,1}\ldots\ldots & a_{n,1} \\ a_{1,n}\ldots\ldots & a_{n,n} \end{vmatrix} \text{ est } \lessgtr 0,$$

par rapport à $x_1, {}_2x, \ldots x_n$.

Soit donc

$$x^{(h)}_m=q_m+q_{m,1}\,x^{(h)}_{n+1}+q_{m,2}x^{(h)}_{n+2}+\ldots\ldots+q_{m,p}x^{(h)}_{n+p}.$$

En substituant pour chaque système les valeurs de x_1, x_2, ... x_n ainsi obtenues dans les p dernières équations des systèmes, on aura les équations qui détermineront

$$x^{(h)}_{n+1},\ x^{(h)}_{n+2}\ \ldots\ x^{(h)}_{n+p}.$$

Si l'on pose

$$x_{n+j'}^{(p+1)} = \sum_{h=0}^{h=p} \lambda_h x_{n+j'}^{(h)},$$

en faisant varier j' de 1 à p, ce qui fera p équations entre les $p+1$ indéterminées $\lambda_0, \lambda_1, \ldots \lambda_p$, il s'ensuivra

$$x_m^{(p+1)} = \sum_{h=0}^{h=p} \lambda_h x_m^{(h)},$$

m variable de 1 à n,
quand on aura

$$q_m + q_{m,1} x_{n+1}^{(p+1)} + q_{m,2} x_{n+2}^{(p+1)} + \ldots\ldots + q_{m,p} x_{n+p}^{(p+1)} = \sum_{h=0}^{h=p} \lambda_h \left(q_m + q_{m,1} x_{n+1}^{(h)} + q_{m,2} x_{n+2}^{(h)} + \ldots + q_{m,p} x_{n+p}^{(h)} \right)$$

c'est-à-dire,

$$1 = \sum_{h=0}^{h=p} \lambda_h.$$

On a ainsi entre les $p+1$ valeurs de λ_h les $p+1$ équations

$$\begin{array}{c} \cdots\cdots \\ x_{n+j'}^{(p+1)} = \sum_{h=0}^{h=p} \lambda_h x_{n+j'}^{(h)} \\ \cdots\cdots \\ 1 = \sum_{h=0}^{h=p} \lambda_h. \end{array}$$

Des valeurs déterminées en résulteront pour ces quantités, à la condition d'avoir,

$$\begin{vmatrix} x_{n+1} & x_{n+2} \ldots & x_{n+p} & 1 \\ x_{n+1}^{(1)} & x_{n+2}^{(1)} \ldots & x_{n+p}^{(1)} & 1 \\ \cdots & \cdots & \cdots & \\ \cdots & \cdots & \cdots & \\ x_{n+1}^{(p)} & x_{n+2}^{(p)} \ldots & x_{n+p}^{(p)} & 1 \end{vmatrix} \gtrless 0,$$

ce qui revient à n'avoir pas à la fois

$$x_{n+j'}^{(p)} = \sum_{h=0}^{h=p-1} \mu_h x_{n+j'}^{(h)};$$

j' variant de 1 à p, et

$$1 = \sum_{h=0}^{h=p-1} \mu_h.$$

Cette condition remplie, on aura donc

$$x_m^{p+1} = \sum_{h=0}^{h=p} x_m^{(h)}$$

pour toutes valeurs de m depuis 1 jusqu'à $n+p$,
et les constantes λ_h seront telles qu'on aura

$$\sum_{h=0}^{h=p} \lambda_h = 1.$$

La condition requise est, d'après cela, que les $p+1$ premiers systèmes d'équations ne soient pas eux-mêmes tels que les valeurs des inconnues pour l'un d'eux s'obtiennent en ajoutant les produits par des constantes des valeurs des inconnues correspondantes dans les autres.

COROLLAIRE. — Considérons trois surfaces de l'ordre n qui n'aient pas de ligne commune. Elles ont alors n^3 points communs. Supposons qu'on prenne parmi ces points communs des points en nombre égal à $n' = \frac{n(n^2+6n+11)}{6} - 1$. Si les trois surfaces étaient déterminées chacune par ces n' points et un $(n'+1)^{\text{ème}}$ point propre à chacune, l'une passerait, comme on l'a vu, par l'intersection des deux autres. L'hypothèse étant contraire, il en sera donc autrement. Supposons qu'elles soient déterminées chacune, par

$$n'' = \frac{n(n^2+6n+11)}{6} - 2$$

points pris parmi les n^3 points qui leur sont communs, et par deux autres; toute autre surface passant par ces n'' points et déterminée également par deux autres points qui lui appartiennent en particulier sera telle que l'on aura

$$s = \lambda_1 u + \lambda_2 v + \lambda_3 w = 0$$

pour son équation, les équations des trois premières surfaces étant $u=0$, $v=0$, $w=0$.

La surface s passera en conséquence par les autres points communs aux trois autres surfaces, qui sont en nombre égal à

$$\frac{(n-1)(5n^2-n-12)}{6}.$$

Par exemple, si l'on prend 7 points sur les 8 points communs à trois surfaces de second degré qui soient déterminées chacune par ces 7 points et par deux autres qui ne leur soient pas communs, toutes les surfaces analogues du second degré passant par les 7 points contiendront le 8ème.

Vu et approuvé,
Le 16 avril 1868.
LE DOYEN DE LA FACULTÉ DES SCIENCES,
MILNE EDWARDS.

Vu
et permis d'imprimer,
Le 17 avril 1868,
LE VICE-RECTEUR DE L'ACADÉMIE DE PARIS,
A. MOURIER.

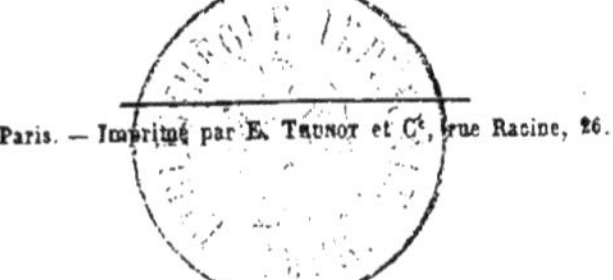

Paris. — Imprimé par E. Thunot et Cie, rue Racine, 26.

www.ingramcontent.com/pod-product-compliance
Ingram Content Group UK Ltd.
Pitfield, Milton Keynes, MK11 3LW, UK
UKHW020151220726
13923UKWH00001B/473